A
B

PETITE BIBLIOTHÈQUE DU CHIMISTE

Première Série.

SUCRERIE
ET DISTILLERIE

MEMENTO DU CHIMISTE

PAR

PASCQ DE NEEFF

COMPIÈGNE
LIBRAIRIE HENRY LEFEBVRE
31, RUE SOLFERINO, 31

PETITE BIBLIOTHÈQUE DU CHIMISTE

Première Série.

SUCRERIE

ET DISTILLERIE

MEMENTO DU CHIMISTE

PAR

GASCQ DE NÉEFF O ✲

INGÉNIEUR

ANCIEN CHIMISTE DE SUCRERIES ET DE DISTILLERIES

COMPIÈGNE

LIBRAIRIE HENRY LEFEBVRE

Éditeur de l'Association des Chimistes de France et des Colonies

31, RUE SOLFERINO, 31

1889

NOTE DE L'ÉDITEUR

Le présent volume est le premier d'une série que je me propose de faire paraître sous le titre général : *Petite Bibliothèque du Chimiste,* et qui doit être appelée à rendre de très grands services.

On y remarquera que tous les procédés d'analyses sont décrits d'une façon si pratique, que l'expérimentateur le moins versé dans l'art du Laboratoire doit infailliblement arriver aux résultats les plus précis.

Dans ces ouvrages, chaque ligne de texte est une opération : ce procédé donne une clarté particulière aux descriptions d'analyses.

Nous ferons paraître, d'ici à quelque temps, les précis relatifs aux Engrais, aux Essais métallurgiques, à la Brasserie, à la fabrication du Cidre, à l'industrie Vinicole, à la fabrication du Gaz, aux recherches de la falsification dans les denrées alimentaires, etc.

Cet ensemble formera une Bibliothèque pratique du Chimiste, à laquelle, nous en sommes persuadés, le public fera le meilleur accueil.

HENRY LEFEBVRE.

Le **Memento du Chimiste de Sucreries et de Distilleries** *que je présente à tous ceux qui s'occupent de ces industries importantes, constitue un ensemble de méthodes qui m'ont paru être les plus pratiques et les meilleures.*

J'ai conçu l'idée de faire ce **Memento** *en voyant l'inconvénient des ouvrages trop étendus qui donnent une série de procédés d'analyses sans que l'on sache lequel il faut choisir, puisque souvent ce n'est pas le meilleur qui se trouve placé en première ligne.*

Mes procédés de titrage sont exposés avec des détails d'exécution pratiques qui permettent d'arriver à de bons résultats.

J'espère que mon **Memento** *remplira le but que je me suis proposé, et rendra service aux Chimistes ainsi qu'aux industriels auxquels je le destine.*

A. GASCQ DE NÉEFF
INGÉNIEUR.

PREMIÈRE PARTIE

SUCRERIES

SUCRERIES

BETTERAVES MÈRES

Les betteraves qui doivent produire la graine sont, en général, de petite dimension, et, souvent, on désire analyser séparément chaque sujet.

Dans ce cas :

On prélève au-dessous du collet, au moyen d'une petite sonde, un cylindre de 10 à 15 grammes de matière.

On râpe.

On presse la pulpe obtenue.

On étend le jus obtenu (10 à 20cc.) à 100cc.

On ramènera à 100 par le calcul en multipliant les résultats par 10 ou par 5.

On remplit le vide fait par la sonde dans la betterave au moyen d'une pâte composée d'argile et de charbon.

ANALYSE DE LA BETTERAVE

On partage chaque betterave de l'échantillon à analyser en deux.

On râpe ces moitiés.

On presse la pulpe.

On recueille le jus dans une éprouvette à pied.

On laisse reposer le jus dans l'éprouvette pendant 8 à 10 minutes, pour permettre à l'air de remonter à la surface.

On enlève le chapeau de mousse qui se forme au moyen de papier filtre.

On plonge dans le liquide un densimètre.

On note la densité observée, soit 1072.

Dosage du sucre dans le jus.

On remplit exactement du jus de la betterave un ballon jaugé de 100 — 110cc. jusqu'au trait 100.

On ajoute du sous-acétate de plomb jusqu'au trait 110.

On agite vivement le ballon.

On laisse reposer quelques instants.

On jette sur un filtre.

On rejette sur le filtre les premières portions qui passent troubles.

On lave avec le liquide filtré bien clair le tube du saccharimètre.

Si le liquide filtré était louche on le rendrait clair en y ajoutant une ou deux gouttes d'acide acétique cristallisable.

On jette la portion du jus qui a servi au lavage du tube.

On remplit alors le tube avec le jus.

On fait l'observation saccharimétrique.

Supposons que le degré trouvé soit 84.7.

Comme on a étendu de 1/10 les 100cc. il faudra augmenter le nombre de degrés de 1/10.

Soit donc

$$\begin{array}{r} 84.7 \\ + \; 8.47 \\ \hline 93.17 \end{array}$$ le degré réel.

Si une déviation de 100° est produite par 16 gr. 20 de sucre, une déviation de 93.17 correspondra à x de sucre

$$\frac{100}{16.20} = \frac{93.17}{x}$$

d'où $$x = \frac{16.20 \times 93.17}{100} = 15.09$$

Les 100 cc. de jus de betteraves contiendront 15 gr. 09 de sucre.

La teneur en sucre de 1 litre sera par conséquent de 15.09 × 10 = 150. 90.

Supposons que le jus ait une densité de 1.072.

Si un liquide dont la densité est 1.072 renferme 15.09 de sucre, pour une densité de 100 on aura y de sucre

$$\frac{1072}{15.09} = \frac{100}{y}$$

d'où

$$y = \frac{15.09 \times 100}{1072} = 14.07$$

100 grammes de ce jus de betteraves renfermeront donc 14.07 de sucre.

Richesse saccharine de la betterave.

On admet que la betterave donne 95 p. 100 de jus et 5 p. 100 de pulpe.

On posera donc, dans l'exemple ci-dessus, la proportion

$$\frac{100}{14.07} = \frac{95}{x}$$

d'où

$$x = \frac{95 \times 14.07}{100} = 13.36.$$

Rapport saccharimétrique.

On divise la teneur en sucre du jus multipliée par 100 par le degré Balling.

Soit 14.07 la teneur en sucre du jus.

Le degré Balling correspondant à la densité 1.072 est 17.5.

Si sur 17.5 parties de matières solubles il y a 14.07 de sucre, sur 100 de matières solubles il y aura x de sucre

$$\frac{17.5}{14.07} = \frac{100}{x}$$

d'où
$$x = \frac{14.07 \times 100}{17.5} = 80.40.$$

Valeur proportionnelle.

On multiplie le rapport saccharimétrique par la teneur en sucre et on divise par 100.

$$\text{V.P.} = \frac{80.40 \times 14.07}{100} = 11.31.$$

Rendement pratique.

On multiplie la valeur proportionnelle par le coefficient 0.776 et on divise par la densité.

$$\text{R.P.} = \frac{11.31 \times 0.776}{1072} = 8.18.$$

Rendement pratique avec diffusion.

On ajoute au rendement pratique 1.00.

$$\text{R.P.D} = 8.18 + 1.00 = 9.18.$$

Rendement pratique avec diffusion et osmose.

On ajoute au rendement pratique 1.00 + 0.90.

$$\text{R.P.D.O.} = 8.18 + 1.00 + 0.90 = 10.08.$$

Sucre pour 1 de densité.

C'est le résultat du sucre à l'hectolitre divisé par la densité trouvée au mesureur, moins 100.

Dosage des cendres ou sels.

On mesure 20 cc. de jus normal.

On les verse dans une capsule de platine tarée.

On évapore lentement.

On humecte le résidu sirupeux de quelques gouttes d'acide sulfurique.

On calcine au moufle.

On pèse les cendres sulfatées blanches ou rosées et ne présentant aucun point noir.

On multiplie par 0.9 pour avoir le poids normal des cendres non sulfatées.

Supposons qu'on ait trouvé comme poids des cendres 0 gr. 087

$$0.087 \times 0.9 = 0 \text{ gr. } 078 \text{ pour } 20 \text{ cc.}$$

et pour 100 cc.

$$0.078 \times 5 = 0 \text{ gr. } 39.$$

Coefficient salin.

On calcule le coefficient salin en divisant le poids du sucre par les cendres :

$$\frac{14.07}{0.39} = 36.07.$$

Détermination de l'eau et de la substance sèche.

On coupe dans le milieu des betteraves quelques morceaux.

On les pèse exactement.

On divise ensuite en disques minces.

On dessèche ceux-ci jusqu'à poids constant sur capsule plate.

On élève d'abord doucement la température à 80°.

On chauffe ensuite à 100-110°.

On pèse.

La perte de poids représente la teneur en eau de la betterave.

Le résidu est la substance sèche (pulpe + résidu du jus).

Non-sucre.

On détermine le non-sucre par différence.

On retranche de la quantité des substances sèches la teneur en sucre.

Plus la différence obtenue sera petite, plus sera grande la pureté du jus.

Dosage de l'azote.

On opère sur les betteraves séchées à l'étuve pour la détermination de l'eau.

On les broie.

On prend un tube à combustion en verre peu fusible de 40 c/m environ de longueur et de 12 m/m. de diamètre.

On nettoie l'intérieur du tube avec un fil de fer auquel est fixé un petit tampon en toile ou en papier.

On le dessèche parfaitement.

On introduit au fond du tube de l'oxalate de chaux desséché à 110° sur une longueur de 5 à 6 centimètres, de la chaux sodée sur une longueur de 3 centimètres, puis 2 grammes de tranches de betteraves bien desséchées, pilées et mélangées avec de la chaux sodée de manière à occuper dans le tube une longueur d'environ 20 centimètres.

On nettoie le mortier où s'est opéré le mélange avec un peu de chaux sodée.

On ajoute de la chaux sodée pure dans le tube de façon à laisser un vide de près de 4 centimètres.

On ferme avec du verre concassé ou au moyen d'un petit tampon d'amiante.

On frappe le tube à plat sur la table pour former un petit canal.

On l'enveloppe de clinquant en le tenant constamment dans une position horizontale et sans le faire tourner.

On le réunit au moyen d'un bouchon en caoutchouc avec l'appareil à 3 boules de Will et Warentrapp.

On le place dans la grille d'analyse.

On a introduit au préalable dans l'appareil à boules 10 cc. d'acide sulfurique normal (100 gr. d'acide par litre).

Ces 10 cc. d'acide sulfurique normal représentent en azote 0 gr. 2857.

On ajoute un peu d'eau distillée pour augmenter le volume.

On chauffe d'abord l'oxalate de chaux au rouge sombre.

On ferme le robinet à gaz du bec qui a servi quand on juge que tout l'air est chassé.

On chauffe alors la partie antérieure du tube du côté de l'appareil à boules.

On avance progressivement le feu de droite à gauche en maintenant toujours au rouge la partie antérieure du tube.

On verse le contenu de l'appareil à boules dans un verre à précipiter, quand tout dégagement de gaz a cessé.

On lave l'appareil à boules avec de l'eau distillée que l'on réunit à l'acide déjà versé.

On colore en rouge par quelques gouttes de tournesol.

On verse la liqueur alcaline goutte à goutte

jusqu'à ce que la teinte de la liqueur vire au bleu permanent par une agitation.

Supposons que les 10 cc. d'acide sulfurique normal soient neutralisés par 29 cc. 1 de soude.

Supposons qu'il ait fallu 28,3 cc. de soude pour neutraliser l'acide de l'appareil à boules.

$$\begin{array}{r} 29.1 \\ -\ 28.3 \\ \hline 0.8 \end{array}$$

donc $$\frac{29.1}{0.2857\ Az} = \frac{0.8}{x}$$

d'où $$x = \frac{0.2857 \times 0.8}{29.1} = 0{,}007854$$

et puisqu'on a employé 2 grammes de betteraves

$$\frac{2}{0.007854} = \frac{100}{x}$$

d'où $$x = \frac{0.7854}{2} = 0{,}392\ Az.$$

On passe de la teneur en azote à la teneur en matières azotées en multipliant le nombre trouvé d'azote par 6,25.

Ce nombre n'est exact que pour l'albumine.

Les betteraves contiennent en moyenne 0,153 p. 100 d'azote.

A une augmentation d'azote correspond une diminution de sucre.

Qualités d'une bonne betterave à sucre.

Racine régulièrement pivotante, allongée sans racines secondaires.

Tissu blanc, dur, compacte.

Collet petit sortant peu de terre.

Grande richesse saccharine.

Faible proportion de substances étrangères.

Poids moyen 0 kil. 750 à 1 kil.

Les grosses betteraves ont un jus plus aqueux.

Le rapport saccharimétrique varie de 68 à 88 ; mais au-dessous de 75 les betteraves ne sont plus bonnes à la fabrication.

Les cendres du jus varient de 0,5 à 1 p. 100.

Le poids des sels du jus est plus grand que celui des cendres.

Les 70 à 80 p. 100 des cendres sont solubles.

Le poids des matières azotées atteint 1 p. 100 du poids du jus.

La densité du jus des bonnes betteraves oscille entre 1060 et 1075.

Le degré Baumé est compris entre 8 et 10.

Le degré Balling — 15 et 18.

La tête de la betterave contient moins de sucre et plus de matières salines.

Les betteraves contiennent en moyenne :

96 p. 100 de jus, 4 p. 100 de parties solides.

Les betteraves donnent plus de cendres que leur jus.

La pulpe retient donc une partie des sels.

Composition moyenne des betteraves.

15.5 à 21 Matière sèche.	Eau	84.5 à 70		Jus
	Substances dissoutes	11.5 à 16		Jus
	Cellulose et pectose.	4	4	Pulpe
		100.0	100	

Influence de la pression sur la densité du jus.

Dans la plupart des fabriques, on soumet la pulpe provenant de la râpe d'essai à une pression assez faible qui donne à peu près 45 p. 100 du jus, c'est-à-dire à peu près la moitié du jus contenu dans la betterave, et c'est sur ce jus ainsi extrait que l'on détermine la densité qui sert de base à la valeur de la betterave.

Cette manière de procéder a souvent amené des récriminations de la part des cultivateurs qui, désapointés par la faible densité du jus de leurs betteraves, ont cru et ont répété que le jus resté dans la pulpe avait un dégré plus élevé, et que le fabricant en ne pressant pas plus fort, agissait dans son intérêt au détriment du cultivateur. Des expériences ont donc été faites pour savoir l'influence que pourrait avoir la pression plus ou moins énergique sur la densité du jus.

On a soumis de la pulpe sortant de la râpe d'essai à deux pressions successives : la première à la pression ordinaire, la deuxième à une plus forte pression. Ces expériences ont été faites sur des betteraves dont le jus était à faible densité et sur d'autres betteraves dont le jus avait une densité plus élevée.

La densité du jus était :	1re pression.	2e pression.
N° 1.................	5° 10	4° 60
N° 2.................	6° 50	6° 20
N° 3.................	6° 75	6° 50

On voit donc que le jus obtenu d'une première pression possède une densité plus élevée que le jus obtenu par une seconde pression plus énergique.

Pour avoir la densité réelle du jus contenu dans la betterave, il faut soumettre la pulpe bien divisée à la pression la plus élevée qu'il soit possible de réaliser. La différence entre les densités des jus de betteraves pressées de 5 à 15 atmosphères, et le jus des mêmes betteraves pressées à 200 atmosphères, s'élève de 2 dixièmes de degré pour les betteraves pauvres dont le jus pèse 5° ; à 5 dixièmes de degré pour les betteraves de richesse moyenne dont le jus pèse 6°5.

Cette différence est encore beaucoup plus considérable pour les betteraves riches marquant de 6°5 à 8. Avec ces betteraves on atteint des écarts de 7 à 8 dixièmes de degré.

Influence de la gelée et du dégel sur la betterave par rapport à sa densité et à sa richesse en sucre.

Souvent le fabricant de sucre se trouve obligé de recevoir des betteraves qui ont été plus ou moins atteintes par la gelée.

Il résulte d'expériences faites à ce sujet que la gelée a pour effet d'augmenter dans une grande proportion la densité du jus de betterave obtenu sous la même pression. Ainsi une betterave qui, avant la gelée donnerait un jus à 6°6, après la gelée donnerait un jus à 8°2, et après le dégel un jus à 7°6.

L'augmentation du sucre suit la même proportion :

Le sucre avant gelée étant de.......... 14.64
serait après gelée de..................... 18.22
et après le dégel de...................... 16.03

Les sels, au contraire, semblent diminuer par rapport au sucre, mais en faible proportion :

Le coefficient salin avant la gelée étant de. 20.33
se trouve après la gelée de............ 19.65
et après le dégel de.................... 18.74

Le fabricant de sucre, dans son intérêt, ne doit donc déterminer la valeur des betteraves par la densité du jus, si elles ont été plus ou moins atteintes par la gelée, qu'après un dégel complet.

ANALYSE DE LA MASSE CUITE 1er JET

Dosage des cendres.

On pèse dans une capsule de platine tarée 5 gr. de masse cuite.

On verse dessus 4 à 5 cc. d'acide sulfurique pur.

On chauffe d'abord très lentement.

On introduit ensuite la capsule dans le moufle quand la masse est bien charbonnée, et en ayant soin de chauffer très faiblement au début.

On pèse quand les cendres sont bien blanches.

On multiplie par 0,9.

On ramène à 100 en multipliant le résultat par 20.

Soit le poids des cendres p = 0 gr. 272

$$0.272 \times 0.9 = 0.2448$$

$$0.2448 \times 20 = 4.89 \text{ p. } 100$$

Dosage du sucre.

On pèse le poids normal du saccharimètre

(16 gr. 20), dans une capsule de porcelaine tarée.

On dissout dans l'eau chaude.

On introduit la solution dans un ballon jaugé de 200 cc.

On lave bien la capsule et l'entonnoir qui sert à verser le liquide dans le ballon.

On fait refroidir en plaçant le ballon dans de l'eau froide.

On complète le volume de 200 cc.

On rend la liqueur homogène par l'agitation.

On en prend la densité.

Soit 1029.3

On remplit ensuite un ballon de 100 — 110.

On ajoute 6 à 8 cc. de sous-acétate de plomb.

On complète avec de l'eau le volume 110.

On bouche l'ouverture du ballon avec le pouce.

On agite quelque temps pour avoir une bonne défécation.

On laisse reposer.

On filtre.

On examine le liquide filtré au saccharimètre.

Soit 36.8

On augmente le nombre lu de 1/10 pour le sous-acétate de plomb ajouté.

On aura donc comme titre saccharimétrique

$$\begin{array}{r} 36.8 \\ 3.68 \\ \hline 40.48 \end{array}$$

On double le résultat pour avoir la richesse centésimale en sucre de la masse cuite.

$$40.48 \times 2 = 80.96$$

Détermination du quotient de pureté.

La liqueur titrant 40.48 contient par litre

$$40.48 \times 1.620 = 65 \text{ gr. } 57 \text{ de sucre,}$$

et pour 100

$$\frac{65.57 \times 100}{1029.3} = 6.37$$

On a

Degré Brix.......	7.58	
Sucre p. 100 de jus	6.37	6.37
Différence........	1.21 × 08	0.96
Substances sèches p. 100 de jus		7.33

$$\text{Quotient de pureté} = \frac{6.37 \times 100}{7.33}$$

$$= 86.90$$

Détermination des impuretés organiques.

Le quotient de pureté montre que pour 86.90 de sucre dans la masse cuite il y a

100 — 86.90 = 13.10 d'impuretés salines organiques.

Impuretés totales p. 100 de masse cuite

$$= \frac{13.10 \times 80.96}{86.90} = 12.20$$

Les impuretés salines s'élevant à 4.90 p. 100 on aura les impuretés organiques par différence.

Impuretés organiques pour 100 de masse cuite

$$12.20 - 4.90 = 7.30$$

Détermination de l'eau.

On fait la somme du sucre, des cendres et des impuretés organiques.

On retranche ce total de 100.

Eau pour 100 de masse cuite,

$$= 100 - (80.96 + 4.90 + 7.30)$$
$$= 6.84$$

Dosage de la chaux.

On dissout 2 grammes de masse cuite dans l'eau distillée.

On chauffe pour activer l'opération.

On les introduit dans le flacon hydrotimétrique.

On lave bien la capsule et l'entonnoir.

On complète le volume de 40cc.

On ajoute peu à peu la dissolution alcoolique

titrée de savon jusqu'à la production de mousse persistante.

On lit sur la burette le degré hydrométrique ; soit 13°.

On doit prendre le degré pour 10 grammes ce qui revient à multiplier par 5.

$$13 \times 5 = 65$$

On multiplie par le coefficient 2.238

$65 \times 2.238 = 145$ gr. 5 CaO pour 100 kilog. de masse cuite.

On multiplie ce chiffre par $\frac{100}{80.96}$ (80.96 étant la richesse centésimale en sucre de la masse cuite) pour avoir la teneur en chaux de la masse cuite par 100 kilog. de sucre.

CaO pour 100 kilog. de la masse cuite

$$= \frac{145.5 \times 100}{80.96} = 179 \text{ gr. } 71$$

La composition de la masse cuite serait par suite la suivante :

Sucre cristallisable....	80.96
Cendres...............	4.90
Impuretés organiques ..	7.30
Eau.................	6.84
	100.00

Coefficient salin.............	16.52
Quotient de pureté..........	86.90
Chaux pour 100 kilog. sucre .	170.71 gr.

Composition moyenne des masses cuites de 1er jet.

Sucre cristallisable........	76.95	81.60	82.10	83.5	77.8	80.20
Cendres....................	6.32	5.20	3.75	4.4	5.9	6.00
Impuretés organiques.....	10.01	6.78	7.68	6.7	9.1	8.70
Eau.........................	6.72	6.33	6.47	5.4	7.2	5.10
Alcalinité en chaux.......	0.011		0.182	0.20		0.16
Chaux totale...............	0.232		0.215	0.130		0.26
Coefficient de pureté......	82.49	87.1	87.8	88.3	83.8	84.5
Coefficient salin..........	12.17	15.4	21.9	18.9	13.2	15.1

Masses cuites de 2e jet.

Sucre.................	53 à 64
Cendres...............	9 à 12
Impuretés organiques.	12 à 17
Eau....................	10 à 12.5
Pureté................	67 à 75
Coefficient salin......	5 à 6.5

Masses cuites de 3e jet.

Sucre.................	51 à 60
Cendres...............	10 à 13
Impuretés organiques.	12 à 18
Eau....................	10 à 14
Pureté................	62 à 72

ANALYSE DU SUCRE DE 1er JET

Dosage de l'eau.

On pèse 5 grammes dans une capsule tarée en platine.

On dessèche dans une étuve chauffée à 100-110°.

La dessiccation est complète au bout de 2 heures.

On rétablit l'équilibre sur la balance en ajoutant des poids quand la capsule et le sucre sont revenus à la température ordinaire.

Supposons une perte de poids de 0.045..

Soit pour 100 grammes

$$\frac{0.045 \times 100}{5} = 0.90$$

Dosage des cendres.

On dose les cendres sur le sucre desséché.

On l'humecte à l'aide d'une pipette avec 4 ou 5cc. d'acide sulfurique pur concentré.

On chauffe très faiblement d'abord pour éviter, par une réaction trop vive, un très fort boursouflement de la matière.

On introduit la capsule, quand le sucre est charbonné, dans le moufle dont la température ne doit pas dépasser le rouge sombre.

Quand on voit des points noirs persister trop longtemps au milieu des cendres, il est prudent d'ajouter quelques gouttes d'acide sulfurique pour transformer en sulfates les sulfures qui pourraient provenir de la décomposition des sulfates par le charbon.

On augmente peu à peu le feu.

On porte au rouge vif, quand tout le charbon est brûlé.

L'incinération dure de 2 à 2 heures 1/2.

On pèse les cendres bien blanches.

On multiplie le poids trouvé par 0.9.

Soit 0 gr. 049 le poids trouvé.

$$0.049 \times 0.9 = 0.044$$

$$\text{Cendres p. 100 de sucre} = \frac{0{,}044 \times 100}{5} = 0.88$$

Dosage du sucre.

On pèse bien exactement le poids normal du saccharimètre (soit 16 gr. 20).

On les introduit dans une fiole de 100cc.

On verse environ 50cc. d'eau distillée.

On procède à la dissolution en imprimant à la fiole un mouvement giratoire.

On verse, quand tout le sucre est dissout, quelques gouttes de sous-acétate de plomb.

On complète le volume de 100cc. avec de l'eau froide que l'on ajoute à l'aide de la pissette.

On bouche l'orifice de la fiole avec le pouce.

On agite vivement.

On laisse reposer quelques minutes.

On filtre.

On examine au saccharimètre le liquide filtré.

N.-B. — Il vaut mieux employer de l'eau ordinaire que de l'eau distillée pour l'essai saccharimétrique, surtout quand le sucre est très riche, parce que la matière calcaire de l'eau, précipitant en même temps que les impuretés du sucre, rend le précipité plus grenu et facilite la filtration.

Il faut éviter d'ajouter un excès de sous-acétate qui redissout partiellement le précipité et rend la filtration très difficile et parfois même impossible.

Supposons que le sucre titre 97°30.

On obtient les impuretés organiques par différence.

Impuretés organiques

$$= 100 - (77.30 + 0.00 + 0.88 = 0.92$$

La composition du sucre 1er jet sera par suite

Sucre cristallisable........	97.30
Sucre incristallisable.......	0.00
Eau.....................	0.90
Cendres.................	0.88
Impuretés organiques......	0.92
	100.00

On obtient le rendement au coefficient 4 en retranchant de la richesse absolue 4 fois le poids des cendres.

$$\text{Rendement} = 97.30 - (4 \times 0.88) = 93.78.$$

Les nouvelles conditions des marchés de sucres bruts imposées par la raffinerie obligent de déduire en outre 2 fois le poids des impuretés organiques, que l'on indique dans les bulletins sous la dénomination d'*inconnu*.

Voici, d'après M. A. Ladureau, directeur du Laboratoire central agricole et commercial de Paris, le rapport de l'inconnu au sucre et aux cendres :

Titre polarimétrique.	90°	91°	92°	93°	94°
Moyenne des cendres	2.56	2.21	2.06	1.51	1.40
Moyenne de l'inconnu	3.91	2.98	2.66	2.20	1.97
Rapport de l'inconnu aux cendres..	1.52	1.33	1.29	1.45	1.40
Rapport du sucre à l'inconnu........	23.00	30.53	32.10	42.27	47.71

Titre polarimétrique.	95°	96°	97°	98°	99°
Moyenne des cendres............	1.13	0.92	0.62	0.38	0.15
Moyenne de l'inconnu	1.61	1.38	1.05	0.60	0.27
Rapport de l'inconnu aux cendres.	1.42	1.50	1.69	1.57	1.80
Rapport du sucre à l'inconnu.....	59.00	68.81	92.37	163.33	366.60

Moyenne générale du rapport de l'inconnu aux cendres 1.507, ou quantité par laquelle il faut multiplier les cendres pour avoir en général la proportion d'inconnu.

Dosage du sucre incristallisable (glucose).

On remplit une burette graduée en dixièmes de centimètres cubes avec la solution du sucre brut, qui a été préparée pour l'observation saccharimétrique.

On prend 5 cc. de la liqueur de Viollette.

On les étend de 10 cc. d'eau dans un ballon.

On fait bouillir.

On verse la solution sucrée par petites portions dans la liqueur cuprotartrique.

On fait bouillir après chaque addition.

On s'arrêtera quand le liquide du ballon aura pris une teinte ambrée.

Pour être certain de ne pas dépasser le point voulu, on se servira du réactif suivant :

Acide pyrogallique dissout dans une solution faible de sulfate neutre de soude.

Ce réactif donne une coloration rose très marquée au contact d'une dissolution, d'un sel de cuivre.

On prélève vers la fin de la réduction, au moment douteux, quelques gouttes de la liqueur cuivrique.

On les met en contact avec quelques gouttes du réactif.

Si la liqueur cuivrique n'est pas complètement réduite, on verra apparaître une magnifique coloration rosée qui indiquera que l'on doit continuer l'addition de la liqueur sucrée, tant que le réactif donnera cette coloration.

On déduit le poids d'incristallisable contenu dans 100 grammes du sucre analysé du nombre de cc. de la solution sucrée employée pour réduire les 5 cc. de la liqueur cuprotartrique.

Soit x ce poids.

Soit T le nombre de centigrammes de sucre incristallisable réduisant 5 cc. de cette liqueur, (5 cc. = 0.026315 de glucose).

Soit n le nombre de cc. de la solution du sucre analysé nécessaire pour réduire 5 cc. de cette même liqueur cuprotartrique.

Ces n cc. contiennent

$$\left(\frac{n \times 16.20}{100}\right) x \text{ d'incristallisable.}$$

Nous avons

$$\left(\frac{n \times 16.20}{100}\right) x = 0{,}026315,$$

d'où

$$x = \frac{0.026315 \times 100}{16.20 \times n}$$

N. B. — On doit toujours s'assurer, avant l'emploi de la liqueur de Violette, qu'elle ne se décompose pas spontanément par l'ébullition et qu'elle ne se trouble pas ensuite par la dilution au moyen de l'eau distillée.

ANALYSE DES ÉCUMES DE DÉFÉCATION

On prélève 5 ou 6 kilogrammes d'écumes en prenant dans les diverses parties d'un même gâteau et sur plusieurs presses.

On choisit autant que possible des gâteaux qui présentent la moyenne comme degré de sécheresse.

On divise le tout au couteau en morceaux de la grosseur d'une noix.

On mélange.

On prélève dans les différents endroits du tas 1 kilog. 1/2 à 2 kilog. d'écumes.

On divise finement ce dernier échantillon pour servir à l'analyse.

Dosage de l'eau et des substances sèches.

On dessèche 100 grammes à l'étuve à 100 — 110 jusqu'à poids constant.

Supposons qu'on ait trouvé : eau p. 0/0 = 38.50.

On aura les substances sèches en retranchant cette quantité de 100.

Substances sèches = 100 = 38.56 | 61.44 p. 100.

Dosage du sucre.

On pèse le poids normal du saccharimètre, soit 16 gr. 20 d'écumes.

On les met dans un petit mortier de porcelaine.

On ajoute 8 grammes d'azotate d'ammoniaque ordinaire.

On délaye le tout avec un peu d'eau.

On transvase ensuite dans un ballon de 100 — 110.

On rince le mortier à plusieurs reprises.

On fait en sorte que le volume ne dépasse pas 90 — 92 centimètres cubes.

On complète le volume de 100 avec du sous-acétate de plomb.

On agite.

On filtre.

Le liquide passe parfaitement limpide et incolore.

On polarise.

On multiplie le résultat par 0.946.

Cette méthode se recommande par son exactitude.

Dosage des matières minérales.

On pèse 1 gr. d'écume sèche réduite en poudre.

On chauffe très modérément au moufle.

On élève peu à peu la température, au bout d'une heure, jusqu'au rouge cerise.

On retire la capsule du moufle.

On laisse refroidir.

On humecte avec quelques gouttes d'une dissolution de carbonate d'ammoniaque.

On dessèche lentement.

On chauffe pendant 8 ou 10 minutes jusqu'au rouge naissant.

On opère ainsi pour reconstituer le carbonate de chaux qui a pu être décomposé pendant l'incinération.

Supposons qu'on ait obtenu pour résidu fixe 0 gr. 701.

100 d'écumes sèches contiennent donc 70.10 de matières minérales. L'écume normale donnant 61.44 de substances sèches, sa teneur en matières minérales sera :

Matières minérales p. 100 d'écumes

$$= 0.701 \times 61.44 = 48.60.$$

Dosage des matières organiques.

Les matières organiques autres que le sucre s'obtiennent par différence, en retranchant des substances sèches le sucre et les matières minérales :

Matières organiques p. 100 d'écumes
= 61.44 — (3.22 (par exemple) + 48.60) = 9.62.

On traduira comme suit la composition des écumes :

Eau..................	38.56
Sucre.................	3.22
Matières minérales....	48.60
Matières organiques...	9.62
	100.00

Dosage de l'azote.

On dose l'azote dans les écumes pour apprécier leur valeur comme engrais.

On procède exactement comme il a été dit précédemment pour la betterave.

On opère sur 5 gr. d'écumes sèches.

On analyse les écumes de clarification comme les écumes de défécation.

FILTRATION SUR LE NOIR EN GRAINS

Dosage du sucre perdu.

Lorsque les eaux de dégraissage atteignent un degré trop faible pour pouvoir être utilement évaporées, on a l'habitude, dans les sucreries, de laisser couler quelque temps le filtre aux eaux perdues. On doit donc partager la perte en sucre en deux parties : celle due aux eaux perdues, et celle provenant du sucre encore retenu dans le noir.

1° *Sucre dans les eaux perdues.*

On prélève 300cc. des eaux de lavage du filtre.

On y ajoute 30cc. d'eau de chaux claire.

On évapore jusqu'au volume de 40cc. environ.

On introduit le tout dans un ballon de 50cc.

On sature la chaux avec quelques gouttes d'acide acétique.

On ajoute 3 ou 4cc. de sous-acétate de plomb

On complète le volume de 50cc. avec de l'eau.

On agite.

On laisse reposer quelques instants.

On filtre.

On polarise.

Voici les résultats d'une expérience :

Densité moyenne 0°.40.

Degré saccharimétrique 31°.60.

Sucre par litre d'eau concentrée = 31.60 × 16.20 = 51 gr. 19.

Comme l'eau de lavage a été réduite par évaporation au 1/6 de son volume, nous aurons :

sucre par litre d'eau normale $= \frac{51.19}{6} =$ 8 gr. 53.

Le volume de l'eau perdue s'élevant, par exemple, à 8 hectolitres, nous aurons :

sucre perdu dans les eaux de lavage du filtre

= 8.53 × 800

= 6k824

2° *Sucre dans le noir.*

On prend, pendant la vidange du filtre, dans les différentes hauteurs, une pelletée de noir.

On mélange bien.

On prélève la quantité utile à l'essai.

On concasse environ 600 gr. de noir dans un mortier de bronze.

On pèse 500 grammes de ce noir dans une capsules en porcelaine.

On les traite 8 ou 10 fois de suite par l'eau bouillante en laissant en contact, chaque fois, au moins 5 minutes.

On chauffe pour maintenir l'ébullition.

On remue constamment la masse.

On décante sur un filtre après chaque digestion.

Toutes les eaux réunies doivent former un volume d'au moins deux litres.

On ajoute un peu d'eau de chaux claire.

On évapore sans retard de manière à réduire le volume à 80 cc. environ.

On refroidit.

On sature avec l'acide acétique.

On clarifie au sous-acétate de plomb.

On parfait le volume de 100 cc.

On agite.

On laisse reposer quelques instants.

On filtre.

On polarise.

Degré saccharimétrique 15.80.

Sucre par litre, 15.80 × 1.620 = 25 gr. 59.

Les eaux de lavage de 500 gr. de noir ayant été réduites au volume 100 cc. Un litre de jus soumis à l'analyse équivaut à 0.500 × 10 = 5 kgs de noir. Sucre contenu dans 100 kgs de noir humide

$$= \frac{0.02559 \times 100}{5} = 0^{k}512$$

105 de noir humide ayant donné à la dessication 80 de noir sec les 1.600 kgs de noir de filtre contiennent.

$$\frac{0.512 \times 1600}{80} = 10^{k}24 \text{ de sucre}$$

Sucre total perdu.

Dans l'eau perdue du filtre.	6.824
Dans le noir du filtre......	10.240
Total......	17.064

A raison de 3 filtres par jour, par exemple, la perte totale s'élèverait à

$$17.064 \times 3 = 51^{k}192$$

ANALYSE DES JUS DÉFÉQUÉS

Dosage du sucre.

On pèse 16 gr. 20 de jus.
On neutralise au moyen de l'acide acétique.
On verse dans un ballon jaugé de 100 cc.
On ajoute 4 cc. de sous-acétate de plomb.
On complète le volume de 100 cc.
On agite par retournement.
On laisse reposer quelques instants.
On filtre.
On polarise.

Substance sèche.

On prend le degré Balling.

Quotient de pureté.

$$Q = \frac{\text{teneur en sucre} \times 100}{\text{degré Balling.}}$$

Détermination de l'alcalinité des jus.

On prend 200 cc.

On filtre.

On mesure 100 cc. dans un verre à pied.

On laisse tomber goutte à goutte d'une burette graduée une solution sulfurique au titre 1 cc. = 0,1 de chaux (175 grammes d'acide sulfurique dans 1 litre d'eau).

On agite avec une baguette de verre après chaque addition.

On met une goutte du mélange sur une feuille de papier de tournesol bleue.

La goutte forme sur le papier une tache rouge vineux quand la neutralisation des alcalis a été légèrement dépassée.

On lit alors le nombre de cc. d'acide dépensés.

Soit 5,4 cc.

5,4 × 0,1 = 0,54 de chaux p. 100 de jus.

Le jus de 1re carbonatation doit en général, contenir 0,15 à 0,20 gr. de chaux dans 100 cc., soit une alcalinité de 0,0015 à 0,002.

Le jus de 2e carbonatation ne doit en renfermer que 0,0001, 0,0002 à 0,0003.

L'alcalinité du jus chaulé des râperies ne doit pas descendre au-dessous de 0,30 p. 100.

Détermination de l'alcalinité due aux alcalis fixes (potasse et soude) et de celle réprésentée par la chaux.

On détermine l'alcalinité totale comme précédemment. Soit A.

On dose dans un autre échantillon la chaux totale au moyen de la liqueur de savon. Soit B.

On précipite dans un troisième échantillon la chaux libre et le sucrate de chaux, en y ajoutant un égal volume d'alcool.

On filtre.

On détermine l'alcalinité dans la liqueur filtrée. Soit C.

On retranche le résultat du dernier essai de celui du premier, ce qui donne l'alcalinité due à la chaux libre D.

$$D = A - C$$

On retranche la chaux totale B de l'alcalinité totale, ce qui donne l'alcalinité due à la potasse et à la soude E.

$$E = A - B$$

On retranche de la chaux totale B la chaux libre D, ce qui donne la chaux combinée G.

$$G = B - D$$

ANALYSE DES MASSES D'EMPLI

SIROPS D'ÉGOUT ET MÉLASSES

Dosage de l'eau.

On mélange dans une capsule tarée 5 grammes de substance avec un poids déterminé de sable quartzeux calciné et tamisé.

On chauffe d'abord doucement à 80°.

On chauffe ensuite à 100.

On chauffe enfin à 105.

La dessiccation exige beaucoup de temps.

On refroidit sous un exsiccateur.

On pèse rapidement.

Dosage du sucre total.

On pèse 16.20 × 5 = 81 grammes dans une capsule de porcelaine tarée.

On dissout dans l'eau chaude.

On verse la solution dans un ballon jaugé de 500 cc.

On lave bien la capsule avec de l'eau chaude.

On verse les eaux de lavage dans le ballon.

On laisse refroidir.

On clarifie en ajoutant 25 cc. de sous-acétate de plomb.

On remplit le ballon jusqu'au trait de jauge avec de l'eau distillée.

On agite fortement.

On laisse reposer quelques instants.

On filtre.

On polarise.

Les degrés lus donnent directement la teneur centésimale en sucre.

On a constaté, depuis quelques années, que les mélasses, les sirops d'égout des bas produits, présentent des anomalies au point de vue de la teneur en sucre, en ce sens qu'ils paraissent avoir une richesse saccharine supérieure à celle qu'ils possèdent en réalité.

Dans ce cas, la méthode précédente, dite saccharimétrique, donne des résultats inexacts, puisqu'elle donne la quantité de sucre total comprenant des produits dextrogyres qui ne sont pas susceptibles de cristalliser.

Pour obtenir le sucre cristallisable on doit, dès lors, recourir au procédé par inversion optique.

Dosage du sucre cristallisable par inversion.

On prend 16 gr. 20 de mélasse.

On ajoute de l'eau pour faire un volume de 100 cc.

On prend avec une pipette 50 cc. de cette solution.

On traite par le sous-acétate de plomb.

On fait 100 cc.

On filtre.

On polarise.

On ajoute 5 cc. d'acide chlorhydrique pur sur le volume restant de 50 cc.

On place le tout au bain-marie pendant un quart d'heure sans que la température dépasse 67 à 70° centigrades.

On laisse refroidir.

On fait 100 cc.

On décolore avec 0,5 à 1 gr. de noir animal.

On polarise de nouveau après filtration.

On note la température.

On calcule le sucre cristallisable d'après la formule.

$$R = \frac{100\,S}{144{,}16035 - 0{,}50378\,T}$$

R = Sucre cristallisable à calculer.

S = Somme des déviations avant et après inversion.

T = Température au moment de l'observation.

Si après l'inversion le degré lu est à droite du zéro, on prendra la différence entre les deux degrés lus avant et après l'inversion.

Non-sucre ou matières dextrogyres.

On soustraie du sucre total le sucre cristallisable obtenu par la méthode précédente.

Supposons qu'on ait obtenu pour le sucre total

48.40,

que l'inversion optique ait donné

45.02,

on aura pour les matières dextrogyres

$$M.D = 48.40 - 45.02 = 3.38.$$

Dosage des cendres.

On pèse 2 grammes de la substance dans une capsule de platine tarée.

On ajoute 5 gouttes d'acide sulfurique concentré.

On incinère.

On pèse les cendres bien blanches.

On multiplie le poids trouvé par 0,9.

On ramène à 100 en multipliant le résultat par 50.

Alcalinité.

On dissout la substance primitive.

On étend d'eau.

On mesure 100 cc. dans un verre à pied.

On les colore en bleu au moyen de quelques gouttes de teinture de tournesol.

On verse avec une burette graduée, goutte à goutte, la liqueur acide jusqu'à ce que le liquide passe au rouge pelure d'oignon.

On lit sur la burette le nombre de centimètres cubes employés.

Si on a employé 16 cc. 0,5 d'acide sulfurique dont 1 cc. = 0,01 de chaux (175 gr. d'acide dans 1 litre d'eau distillée), 100 cc. de la liqueur sucrée contiendront

$$16.5 = 0.01 = 0{,}165 \text{ CaO},$$

par suite,

1 litre en renfermera 1 gr. 65

et l'alcalinité sera

0.00165.

Quotient de pureté.

$$\text{Qp.} = \frac{\text{Sucre} \times 100}{\text{degré Balling}}$$

Coefficient salin.

On divise la teneur en sucre par la teneur en cendres.

$$Cs. = \frac{\text{Sucre.}}{\text{Cendres.}}$$

Dosage du sucre incristallisable.

On réduit 10cc. de liqueur de Viollette.

On emploie le réactif (indiqué à l'article sucre brut 1er jet) pour s'assurer de la réduction complète des 10cc. de liqueur cuprotartrique.

Si on emploie 12cc. 9 de solution pour réduire 10cc., sachant que 10cc. correspondent à 0.0326 de glucose,

On posera la proportion.

$$\frac{12.9}{0.0326} = \frac{100}{x}$$

d'où

$$x = \frac{0.0326 \times 100}{12.9}$$

$$= 0.408 \ \% \text{cc.}$$

Détermination de la densité des mélasses épaisses.

On pèse 50 grammes de mélasse.

On les étend d'eau pour en faire 150cc.

On prend la densité du mélange.

Soit 1100.

150cc. mélasse étendue × 1100 = 165

Mélasse pesée 50

Eau ajoutée 115cc.

Volume de la mélasse 150-115 = 35cc.

Dès lors la densité sera

$$D = \frac{50}{35} = 1428.6.$$

N.B. — La mélasse loyale et marchande pèse de 37 à 43 Baumé à 15° centigrades.

Elle est légèrement alcaline, jamais acide.

Elle ne renferme pas de glucose.

Elle contient de 42 à 52 p. 100 de sucre cristallisable, et une proportion très variable de matières salines.

Elle ne présente pas de fermentation.

La mélasse fermentée est recouverte d'une mousse jaune persistante. Elle est acide, à moins que l'acidité n'ait été masquée intentionnellement par l'addition d'une base, la chaux en général.

Si la proportion de glucose dépasse 1 à 2 p. 100 il y a lieu de croire à la fermentation, surtout si, en même temps, on constate l'abondance de la chaux ou l'acidité de la mélasse, ou si la mélasse présente une mauvaise odeur.

Détermination de la mélitriose dans les mélasses et dans les sucres du commerce.

La mélitriose se trouve en quantité sensible dans les produits des betteraves. Mais, étant beaucoup plus soluble que la saccharose, elle reste presque entièrement dans la mélasse. Les sucres obtenus des mélasses par l'osmose, l'élution, la précipitation Sostmann, la séparation Steffen et le procédé à la strontiane, contiennent plus ou moins de mélitriose.

La mélitriose forme, avec le sucre de canne, certaines combinaisons produisant une cristallisation particulière et caractéristique qui diffère sensiblement de celle du sucre exempt de mélitriose.

Les sucres qui contiennent de la mélitriose possèdent un pouvoir rotatoire beaucoup trop élevé ; leurs titrages commerciaux sont donc trop forts ; ils fournissent au raffinage des rendements inférieurs, la mélitriose restant toujours dans les sirops verts, à cause de sa grande solubilité.

Dosage de la mélitriose.

On sature l'alcool méthylique absolu du commérée à la température ambiante, avec du sucre raffiné.

On détermine au saccharimètre la rotation de la solution.

On introduit ensuite le sucre brut contenant de la mélitriose dans un volume déterminé de l'alcool mythilique ainsi préparé.

On agite fortement à plusieurs reprises, afin de dissoudre complètement la mélitriose.

On filtre sur un papier sec.

On détermine la rotation du liquide filtré.

La différence des deux observations indique la rotation due à la mélitriose.

N. B. — Il faut dessécher complètement le sucre à analyser avant de le traiter par l'acide méthylique.

ANALYSE DU JUS CHAULÉ DES RAPERIES

On met 100 cc. de jus chaulé dans un verre à précipiter.

On ajoute deux gouttes d'une dissolution alcoolique de phénolphlatéine.

On verse ensuite de l'acide acétique au moyen d'une burette graduée jusqu'à disparition de la teinte violette.

On prend note de l'augmentation de volume.

On ajoute ensuite 10 cc. de sous-acétate de plomb.

On agite.

On filtre.

On polarise.

Soit 38°6

L'augmentation de volume sera par exemple de $2,3 + 10 = 12.3$

$$\frac{100}{112.3} = \frac{38.6}{x}$$

d'où $$x = \frac{38.6 \times 112.3}{100} = 43.34$$

et $43:34 \times 16.20 = 7.209$ p. 100 de sucre.

ANALYSE DES COSSETTES ÉPUISÉES

DE LA DIFFUSION

On prélève à l'élévateur de cossettes humides un échantillon moyen de 1 kilogramme.

On le réduit en pulpe au moyen du hâche-viande.

On presse pour obtenir le jus.

On en prend la densité.

On prélève 100 cc. de jus.

On les introduit dans un ballon jaugé de 100 — 110.

On ajoute 10 cc. de tannin et de sous-acétate de plomb.

On agite.

On filtre.

On éclaircit la filtration, si elle est louche, avec une goutte d'acide acétique.

On polarise.

On augmente les degrés lus de 1/10.

On multiplie par 0,1620.

On se sert du tube de 40°.

On divise donc le résultat par 2.

On multiplie ensuite le résultat de la polarisation par 0.95 pour avoir la richesse en sucre des cossettes.

On multiplie enfin par 0.70 pour rapporter aux betteraves la perte en sucre.

ANALYSE DES EAUX DE DÉCHET

DE LA DIFFUSION

On prélève l'échantillon dans la rigole d'écoulement.

On opère de la même manière que sur les jus des cossettes épuisées.

On prend le chiffre de sucre pour 100 sans correction, cette quantité étant considérée comme équivalente à la quantité de betteraves travaillées.

La perte en sucre de la diffusion est ordinairement de 0.50 p. 100 de betteraves.

On peut cependant arriver à un épuisement meilleur et limiter la perte à 0,15 ou à 0,20 au maximum de sucre pour 100 de betteraves.

Dans ce cas la teneur saccharine des cossettes épuisées est de 0,10 à 0,15 p. 100.

Celle des petites eaux ne dépasse pas 0,05 p. 100 soit 1/2 gramme par litre.

Contrôle graphique de la diffusion.

On recueille, quand un diffuseur est à moitié

poussé au bac, à chacun des calorisateurs du circuit, et en même temps, 300 cc. environ de jus.

On note la température de chaque calorisateur.

On fait refroidir rapidement les échantillons.

On les analyse.

On dose seulement le sucre aux 100cc. pour établir la courbe des épuisements.

On adopte les échelles suivantes :

Pour les abscisses : 6 m/m par diffuseur.

Pour les ordonnées : 1 centimètre par unité de sucre diffusé.

Exemples.

Batterie de 12 diffuseurs.

Capacité d'un diffuseur : 20 hectolitres.

Hectolitres tirés par diffuseur : 13.

Densité du jus au bac jaugeur : 3°3.

Sucre pour 100 de cossettes non pressées : 0,461.

Nombre de calorisateurs en chauffage : 4 (2 en tête et 2 en queue).

Travail : irrégulier.

L'analyse de 10 échantillons a donné les résultats :

N° du diffuseur.	Densité du jus.	Sucre °/₀ cc.	Quotient de pureté.	Température du calorisateur.	Sucre diffusé °/₀ cc.
1	0.25	0.57	65.5	40	»
2	0.50	1.01	66.6	40	0.41
3	0.72	1.67	79.9	70	0.66
4	1.50	3.50	81.7	65	1.83
5	1.77	3.56	74.1	75	0.06
6	2.15	4.46	76.6	70	0.90
7	2.96	5.93	74.0	40	1.47
8	3.78	7.68	76.4	65	1.75
9	3.78	7.60	75.6	47	0.08
10	3.79	7.70	76.4	25	0.10

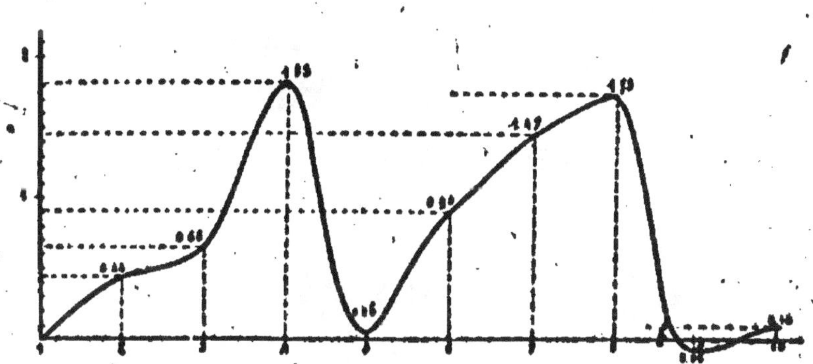

Les inflexions brusques de la courbe font voir clairement que la diffusion n'a pas été effectuée convenablement, surtout dans le 5e diffuseur.

Batterie de 12 diffuseurs de 20 hectolitres.

Hectolitres tirés par diffuseur : 13 hectolitres.

Densité du jus au bac : 3°8.

Sucre pour 100 de cossettes non pressées : 0,326.

Nombre de calorisateurs en chauffage : 5 (3 en tête, 2 en queue).

Travail : régulier, lent par suite du manque d'eau.

L'analyse de 10 échantillons a donné les résultats suivants :

N° du diffuseur.	Densité du jus.	Sucre °/. cc.	Quotient de pureté.	Température.	Sucre diffusé.
1	0.0995	0.22	»	35	»
2	0.27	0.71	77.1	65	0.49
3	0.48	1.11	78.0	70	0.43
4	0.93	2.12	80.3	60	0.98
5	1.27	3.10	87.7	60	0.98
6	1.89	4.11	80.5	60	1.01
7	2.58	5.31	77.0	68	1.20
8	3.47	7.40	80.0	65	2.06
9	3.92	8.10	77.7	40	0.70
10	3.97	8.27	78.4	22	0.17

Ceci nous donne la courbe suivante :

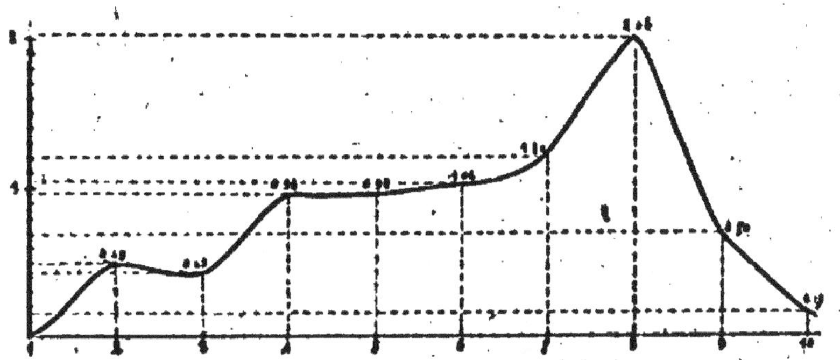

Cette courbe n'est pas régulière.

Elle montre que le travail, toutefois, est préférable au précédent.

Elle s'infléchit anormalement, une première fois vers le 3e diffuseur et de nouveau vers les 5e et 6e diffuseurs.

Batterie de 12 diffuseurs de 20 hectolitres.

Hectolitres tirés par diffuseur : 10.

Densité au bac jaugeur : 3°6.

Sucre pour 100 de cossettes non pressées : 0,784.

Calorisateurs en chauffage : 6 en tête.

Cossettes beaucoup trop fortes, pas d'épuisement.

Travail : assez régulier.

L'analyse des 10 échantillons a donné :

N° du diffuseur.	Densité du jus.	Sucre °/₀ cc.	Quotient de pureté.	Température.	Sucre diffusé °/₀ cc.
1	0.10	0.35	»	31	»
2	0.25	0.71	81.6	50	0.36
3	0.60	1.45	81.4	65	0.74
4	0.96	2.31	85.2	75	0.86
5	1.51	3.40	81.7	75	1.09
6	2.09	4.52	80.0	73	1.12
7	2.69	6.00	83.1	73	1.48
8	3.49	7.45	80.1	65	1.45
9	3.75	7.77	77.7	42	0.32
10	3.72	8.01	81.2	22	0.27

Ces résultats nous donnent la courbe suivante qui est très régulière, ce qui indique une bonne circulation, mais elle est peu élevée au-dessus de l'axe des abscisses ; la diffusion n'a donc pas été complète.

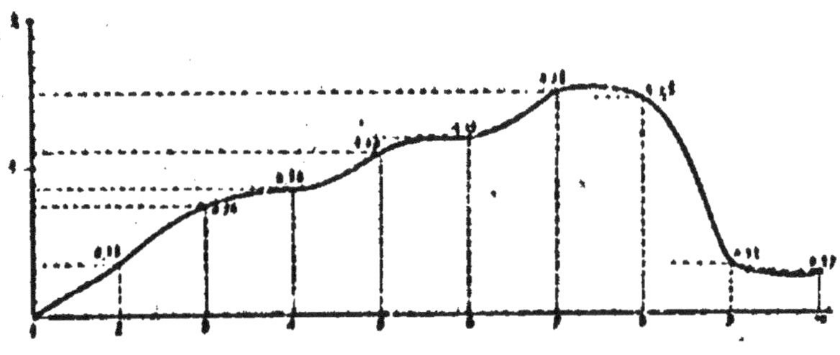

En se reportant aux observations du tableau on voit en effet qu'il y a énormément de sucre dans les cossettes non pressées.

Batterie de 12 diffuseurs de 20 hectolitres.

Hectolitres de jus tirés par diffuseur : 13.

Densité au bac jaugeur : 4°3.

Sucre pour 100 de cossettes non pressées : 0,336.

Calorisateurs en chauffage : 4 (2 en tête, 2 en queue).

Travail : bon.

L'analyse des échantillons a donné :

N° du diffuseur.	Densité du jus.	Sucre °/° cc.	Quotient de pureté.	Température.	Sucre diffusé °/° cc.
1	0.10	0.12	»	33	»
2	0.17	0.49	71.6	58	0.37
3	0.39	1.07	76.9	65	0.58
4	0.81	1.80	77.2	65	0.73
5	1.27	2.80	79.3	65	1.00
6	1.88	4.05	79.2	66	1.25
7	2.47	5.27	79.2	70	1.22
8	3.29	7.07	80.5	73	1.80
9	4.32	9.12	79.6	75	2.05
10	4.48	9.15	79.6	18	0.33

Ces résultats nous donnent la courbe suivante qui, à part une légère dépression au 7e diffuseur, serait complètement régulière :

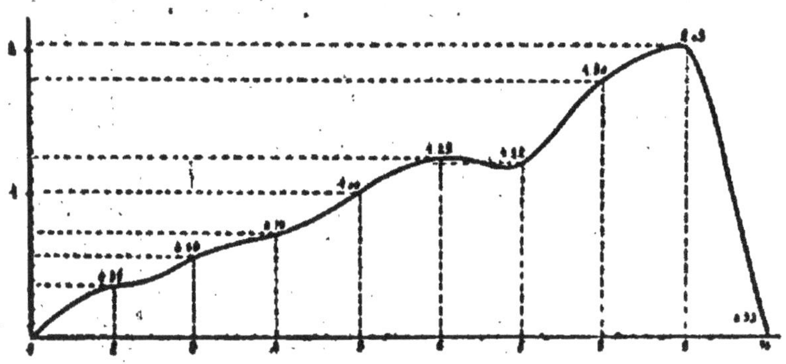

A l'inspection de la courbe on voit que la diffusion du sucre s'est effectuée convenablement.

Les quatre courbes précédentes démontrent que pour la courbe n° 1, les épuisements maxima correspondent à la température de 63° (Diffuseurs 4 et 8). Les épuisements minima coïncident avec la température de 70° (1re inflexion, diffuseur 3) et de 78° (2e inflexion, diffuseur 8).

On voit également que pour une même température de 70°, il a diffusé pour 100 cc. dans le diffuseur n° 3 0,60 de sucre et dans le n° 6 0,90, ce qui tendrait à démontrer qu'une élévation de température en tête de la batterie n'est pas nuisible.

En examinant le graphique du deuxième essai

on constate encore que les maxima d'épuisement coïncident avec une température de 65° (diffuseurs 2 et 8) et de 60° (diffuseur n° 4) ; mais on voit également que cette dernière température a été trop faible et a produit un arrêt, ou au moins une entrave à l'activité de la diffusion dans les diffuseurs 5 et 6 ; la température de 65° paraît donc toujours être le plus favorable, puisque la première inflexion correspond à une température de 70°, preuve manifeste que l'on a chauffé trop fortement en ce point. Pour la batterie précédente on devra donc s'attacher à régler le mode de chauffage de manière à obtenir dans les diffuseurs 2,3....8 une température constante de 65°.

Mais cette température ne suffit pas pour coaguler l'albumine et peut-être aussi pour cuire convenablement les cossettes.

On élèvera donc légèrement la température des 7e et 8e diffuseurs, ce qui aura peu d'inconvénients, et on arrivera à déterminer comme suit, pour chaque diffuseur de la batterie en question, les températures à adopter définitivement.

Nos des diffuseurs.	Températures correspondantes.
1.	35
2.	60
3.	65
4.	65
5.	65
6.	65
7.	68
8.	70
9.	45
10.	22

Dans le 3e essai, il a été diffusé dans le 8e diffuseur, à la température de 65°, presque autant de sucre que dans le diffuseur n° 7 chauffé à 73°.

La portion de courbe comprise entre le 3e et le 7e diffuseur a une inflexion légère.

Dans le 4e essai on a une brusque inflexion au 7e diffuseur, chauffé à 70°. Cette température était trop élevée et n'aurait pas dû dépasser 66°, température du diffuseur précédent.

A part cette inflexion, la courbe est aussi régulière que possible, et on déterminera comme suit l'échelle du chauffage.

Nos des diffuseurs.	Températures correspondantes.
1.	35
2.	58
3.	65
4.	65
5.	65
6.	66
7.	66
8.	73
9.	75
10.	18

Le contrôle graphique de la diffusion permet donc, en effectuant l'analyse du jus de chacun des diffuseurs du circuit, de déterminer la cause des irrégularités et les moyens d'y remédier.

ANALYSE DE LA PIERRE A CHAUX

La chaux occupe le premier rang en sucreries comme matière première accessoire.

Elle est ajoutée, pendant la fabrication, en grande proportion aux jus sous forme de chaux caustique de 1 à 3 p. 100 du poids des betteraves.

La pierre à chaux doit renfermer la plus grande quantité possible de carbonate de chaux.

Une grande quantité de sulfate de chaux et d'alcalis est très nuisible pour la fabrication.

Il ne faut pas employer du calcaire avec 0.5 p. 100 de sulfate de chaux et 0.3 à 0.5 p. 100 d'alcalis.

Les substances insolubles ne doivent pas être en proportion plus grande que 10 p. 100.

Dosage du carbonate de chaux.

On pèse 5 grammes du calcaire finement pulvérisé.

On les verse dans un goblet de verre.

On les humecte d'eau.

On verse par-dessus, avec précaution, 50 cc. d'acide chlorhydrique.

On couvre le vase avec une plaque de verre.

On ajoute un peu d'éther si la masse écume fortement.

On fait ensuite bouillir la solution pendant quelques minutes.

On étend avec de l'eau.

On filtre pour séparer le résidu (A).

On lave bien à l'eau bouillante.

On étend le liquide filtré à 500 cc.

On prend 100 cc.

On les chauffe à l'ébullition.

On ajoute de l'ammoniaque jusqu'à réaction faiblement alcaline pour séparer le fer et l'alumine.

On filtre le liquide bouillant.

On lave le précipité resté sur le filtre (B).

On acidifie faiblement le liquide filtré avec de l'acide acétique.

On précipite la chaux à l'ébullition avec une solution d'oxalate d'ammoniaque.

On filtre.

On lave.

On dessèche à l'étuve à 100-110°.

On calcine faiblement dans un creuset en platine.

On pèse le résidu qui est du carbonate de chaux.

Dosage de l'acide silicique et des silicates alumineux.

On lave avec soin sur le filtre, avec de l'eau bouillante, le résidu insoluble (A) de l'opération précédente.

On dessèche.

On calcine.

On pèse le produit qui est l'acide silicique et les silicates alumineux.

Dosage du fer et de l'alumine.

On lave bien le précipité (B).

On le dessèche à l'étuve à 100-105°.

On le calcine.

On pèse le produit qui est l'oxyde de fer et d'alumine.

Dosage de la magnésie.

On rend le liquide filtré, provenant du dosage du carbonate de chaux, alcalin par de l'ammoniaque.

On le mélange avec une solution de phosphate de soude.

On laisse déposer pendant longtemps.

On filtre.

On lave le précipité sur le filtre avec de l'eau ammoniacale (3 parties d'eau et une partie d'ammoniaque).

On dessèche à l'étuve à 100-110°.

On calcine.

On pèse.

On multiplie par le facteur 0,36036 pour avoir la teneur en oxyde de magnésium MgO.

Dosage de l'acide sulfurique.

On prend 200 cc. de la solution chlorhydrique de la première opération, soit 2 grammes.

On les porte à l'ébullition.

On précipite par une solution de chlorure de baryum.

On filtre.

On lave à l'eau bouillante.

On dessèche à l'étuve à 100-105°.

On calcine.

On pèse.

On multiplie par le facteur 0,5837 pour avoir la teneur en sulfate de chaux.

Dosage des alcalis.

On chauffe pendant longtemps au rouge blanc quelques morceaux de calcaire dans un feu de charbon de bois.

On laisse refroidir.

On enlève au moyen d'une petite brosse les particules de charbon adhérentes.

On broie les morceaux de chaux.

On en pèse 5 grammes.

On les épuise par l'eau distillée.

On filtre.

On mélange le liquide filtré avec du carbonate d'ammoniaque.

On évapore un peu.

On filtre de nouveau.

On évapore ensuite à siccité en ajoutant un peu d'eau.

On ajoute quelques gouttes d'oxalate d'ammoniaque.

On filtre.

On évapore le liquide filtré dans une capsule de porcelaine tarée.

On pèse.

On multiplie par 0,56 pour connaître la quantité des alcalis sous forme de chlorures contenus dans le calcaire essayé.

Dosage de l'humidité.

On dessèche à 130° dans l'étuve 5 grammes.

On pèse.

La différence de poids indique la proportion d'humidité contenue dans les 5 grammes.

ANALYSE DU LAIT DE CHAUX

Servant à la défécation et à la saturation.

On agite le liquide avec soin.

On en mesure 10cc.

On les fait couler dans un ballon de 300cc.

On verse dans ce ballon 250 cc. environ d'eau distillée dans laquelle on a fait dissoudre 50 gr. de sucre raffiné.

On mélange bien en agitant le ballon.

On parfait le volume de 250cc.

On verse le liquide sur le filtre disposé dans un entonnoir placé sur un autre ballon d'un litre.

On retourne sur le filtre les premières portions de liquide qui passent troubles.

On lave le premier ballon avec de l'eau distillée que l'on verse ensuite sur le filtre.

On lave, quand la filtration est terminée, le filtre avec de l'eau distillée.

On titre ensuite le liquide clair avec une solution d'acide sulfurique (175 gr. d'acide sulfurique dans 1 litre d'eau distillée. 1cc. = 0 gr. 10 de chaux).

Supposons qu'on ait employé 21 cc. 3 d'acide sulfurique. Les 10 cc. de lait de chaux pris pour l'essai contiendront

$$21.3 \times 0.10 = 2 \text{ gr. } 13 \text{ de chaux,}$$

ce qui fait par hectolitre

$$2.13 \times 10000 = 21300 \text{ gr.}$$

$$= 21 \text{ kgs. } 300.$$

ANALYSE DU GAZ DE SATURATION

Recherche du gaz de saturation.

On se sert de papier d'iodure d'amidon qui perdra sa couleur bleue dans le cas de la présence de l'acide sulfureux.

On se sert de papier de plomb qui noircira s'il y a de l'hydrogène sulfuré dans le gaz de saturation.

Dosage de l'acide carbonique.

On prend un tube de verre divisé en 50 ou 100 degrés et d'un diamètre intérieur de 15 ‰.

On le remplit d'eau.

On le renverse dans un vase contenant de l'eau.

On le remplit sous l'eau avec le gaz de saturation, en faisant pénétrer celui-ci au moyen d'un tube en verre en S qui communique avec la conduite du four à chaux par un tuyau de caoutchouc.

On fait passer dans le tube, quand il est rempli de gaz, un petit morceau de potasse caustique.

On le ferme sous l'eau avec un petit dé en caoutchouc contenant 2 cc. d'eau.

On retire le tube de l'eau.

On l'agite plusieurs fois.

On le remet dans l'eau.

On retire lentement le dé sous l'eau.

Un volume d'eau, correspondant à la quantité d'acide carbonique absorbé, pénètre dans le tube, et si le tube est divisé en 100 parties la diminution de volume exprimée en degrés fera connaître immédiatement la teneur centésimale du gaz en acide carbonique.

Recherche de l'oxyde de carbone.

On prend un nouvel échantillon du gaz.

On introduit sous le tube une boulette de papier à filtre imprégnée de protochlorure de cuivre additionné d'un peu d'acide chlorhydrique.

On agite.

On lit.

La diminution de volume indique le volume d'oxyde de carbone.

Dosage de l'oxygène.

On fait d'abord absorber l'acide carbonique par la potasse.

On dose l'oxygène dans le volume de gaz restant.

On imprègne, pour cela, un morceau de papier à filtre d'acide pyrogallique.

On l'introduit dans le tube.

On agite.

On lit.

La diminution du volume correspond à l'oxygène.

ANALYSE DU NOIR ANIMAL NEUF

OU REVIVIFIÉ

Le noir de bonne qualité doit être spongieux, d'un noir velouté ; il doit happer fortement à la langue.

L'hectolitre d'un bon noir doit peser entre 60 et 70 kilogrammes.

L'évaluation du poids spécifique du noir donne donc de suite une très bonne indication sur sa valeur.

La détermination du poids spécifique est encore fort utile pour suivre l'usure d'un noir en travail, car les manipulations détruisent rapidement les parties les plus poreuses qui s'incrustent de chaux et le poids spécifique augmente rapidement.

Donc, plus le poids spécifique est faible et meilleur sera le noir au double point de vue de la décoloration et de la purification des liquides sucrés.

Il faut que les grains soient uniformes ; à poids égal, les os durs décolorent moins que les os friables et poreux.

L'analyse complète d'un noir animal comprend :
1° Le dosage de l'eau ;
2° Le dosage du charbon azoté ;
3° Le dosage des sels solubles dans l'eau ;
4° Le dosage du résidu insoluble dans les acides
5° Le dosage du phosphate de chaux ;
6° Le dosage du carbonate de chaux ;
7° Le dosage du sulfate de chaux ;
8° Le dosage de l'azote.

1° Dosage de l'eau.

On pèse 5 grammes dans une capsule de platine tarée.

On dessèche à l'étuve pendant deux heures environ à 150°.

On pèse.

La perte de poids représente l'eau.

Soit 6 gr. 18 p. 100 d'eau.

Un bon noir ne doit pas contenir plus de 6 p. 100 d'eau ; c'est d'ailleurs la tolérance admise dans les achats de noir.

2° Dosage du charbon azoté.

On porte au moufle la capsule contenant le noir desséché.

On calcine au rouge sombre jusqu'à ce que les cendres deviennent blanches ou rosées.

On laisse refroidir.

On pèse.

La perte de poids donne le charbon azoté. Si l'incinération est faite sur des noirs résidus, ce résultat sera dû au charbon azoté et à la matière organique.

Dans le cas où la calcination aurait été poussée au-delà du rouge sombre, une partie du carbonate de chaux serait décomposée. Avant de peser il faudrait humecter légèrement les cendres de quelques gouttes de carbonate d'ammoniaque pour reconstituer le carbonate de chaux : on dessècherait quelques instants à l'étuve, puis on porterait au rouge sombre.

Soit 8 gr. 22 de charbon azoté.

Dosage des sels solubles dans l'eau.

On met les cendres obtenues sur un petit filtre.

On les lave avec de l'eau distillée bouillante.

On continue le lavage jusqu'à ce que quelques gouttes de lavage évaporées sur une lame de platine ne donnent plus de résidu.

On met les cendres et le filtre dans une capsule de platine tarée.

On dessèche à l'étuve à 100-110°.

On porte au moufle.

On calcine.

On pèse.

On a pour différence le poids des cendres lavées.

Soit 0.44 p. 100.

Dosage du résidu insoluble dans les acides.

On incinère 2 grammes de noir.

On met les cendres bien blanches dans une capsule de porcelaine.

On les traite par de l'acide azotique étendu d'eau que l'on verse peu à peu en chauffant légèrement.

On filtre le résidu insoluble (sable et argile).

On lave avec de l'eau distillée.

On dessèche.

On calcine.

On pèse.

Soit 2.30 p. 100 de résidu insoluble dans les acides.

Dosage du phosphate de chaux.

On précipite le phosphate tribasique de chaux dans la liqueur filtrée avec de l'ammoniaque en excès.

On laisse déposer pendant douze heures dans un endroit où la température soit environ à 30° centigrades.

On filtre.

On lave à l'eau ammoniacale au quart.

On dessèche.

On calcine.

On pèse.

Soit 71,20 p. 100 de phosphate tribasique de chaux. Pour avoir l'acide phosphorique correspondant on multiplie le poids de phosphate tribasique de chaux obtenu par le coefficient 0,458.

Dosage du carbonate de chaux.

On précipite la chaux dans la liqueur filtrée par l'oxalate d'ammoniaque après avoir rendu la liqueur alcaline par un excès d'ammoniaque.

On fait bouillir la liqueur quelques instants.

On filtre.

On lave.

On dessèche.

On sépare le précipité du filtre.

On brûle le filtre à part.

On joint les cendres au précipité.

On porte la capsule au rouge sombre pendant 15 à 20 minutes.

On pèse à l'état de carbonate de chaux.

Soit 8,60 p. 100 de carbonate de chaux.

Dosage du sulfate de chaux et du sulfure de calcium.

On attaque 10 grammes de noir en poudre fine par l'acide chlorhydrique à chaud.

On étend d'eau distillée.

On filtre pour séparer les matières insolubles.

On précipite dans la liqueur filtrée l'acide sulfurique à l'état de sulfate de baryte par le chlorure de baryum.

On laisse reposer.

On filtre.

On lave.

On dessèche à l'étuve.

On calcine.

On pèse.

L'acide sulfurique SO^3 trouvé est calculé en sulfate de chaux.

1 de SO^3 représente 1.70 de sulfate de chaux.

Soit 0 gr. 06 de sulfate de chaux.

On fait suivre cet essai d'un second pour avoir les sulfures.

On dissout, pour cela, à chaud, 10 grammes de noir dans de l'acide azotique.

On étend d'eau quand l'attaque est terminée.

On filtre.

On précipite dans la liqueur filtrée l'acide sulfurique comme précédemment.

On laisse reposer.

On filtre.

On lave.

On dessèche.

On calcine.

On pèse.

On déduit du poids d'acide sulfurique trouvé dans le deuxième essai celui de l'acide sulfurique du premier.

On a ainsi la proportion d'acide sulfurique correspondant au soufre des sulfures.

1 de SO^3 correspond à 0,90 de sulfure de calcium.

Les résultats de l'analyse se représentent ainsi :

Eau	6.18
Charbon azoté	8.22
Sels solubles dans l'eau	0.44
Résidu insoluble dans les acides	2.30
Phosphate de chaux	74.20
Carbonate de chaux	8.60
Sulfate de chaux	0.06
Sulfure de calcium	0.00
	100.00

Dosage rapide des carbonates dans le noir animal.

On se sert de l'uréomètre Noël (construit par M. Darsonville [Lécluse, successeur], 5, rue Gay-Lussac, à Paris).

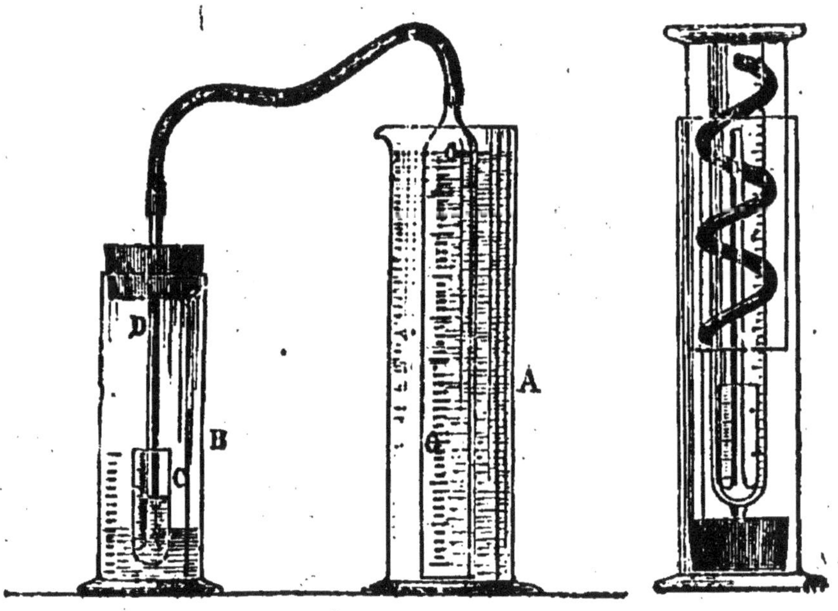

On commence par remplir la cuve à eau A jusqu'à affleurement du O de la cloche divisée G.

On introduit dans le mélangeur B un excès d'acide chlorhydrique.

On met dans le petit tube C un poids connu de noir animal.

On bouche l'appareil en ayant soin de laisser libre l'orifice de dégagement D et de faire le raccord avec le caoutchouc.

On agite.

La réaction a lieu presque instantanément.

On soulève la cloche à gaz jusqu'à coïncidence des deux niveaux pour lire le volume d'acide carbonique produit, une fois la réaction terminée.

A 15° centigrades

1 cc. de gaz = 0 gr. 00423 de carbonate de chaux.

Pour chaque différence de température de 5° en plus il faudra retrancher. 0 gr. 0000727 par cc. de gaz.

Pour chaque différence de température de 5° en moins il faudra au contraire ajouter. 0 gr. 0000727 par cc. du gaz.

Examen d'un noir neuf ou revivifié au point de vue du degré de calcination.

On pèse 20 grammes de noir en grains ou en poudre.

On les met dans une capsule de porcelaine.

On verse par dessus 50 cc. d'une solution de potasse ou de soude caustique à 18° Baumé.

On fait bouillir en remuant le noir, pendant 3 minutes.

On filtre sur un tampon d'amiante.

On recueille le liquide filtré dans une éprouvette de verre de petit diamètre.

Si le liquide est coloré en brun, c'est l'indice d'une calcination incomplète. Si le liquide est incolore ou légèrement verdâtre, c'est l'indice d'une calcination poussée trop loin.

Si le liquide a une coloration jaune paille, la calcination est bonne.

CONTROLE DU TRAVAIL DE L'OSMOSE

On prend environ 10 cc. de la mélasse non osmosée.

On la dilue à 200 cc.

On la refroidit à 15°.

On en détermine la densité au moyen de la balance.

Soit 10216.

On multiplie la densité trouvée moins 100 par le facteur 261 pour avoir le degré saccharométrique Vivien correspondant.

216 × 261 = 5.63.

On prélève 100 cc. de la mélasse ainsi pesée.

On verse jusqu'à la marque 100 dans un ballon jaugé 100-110.

On porte le volume à 110 au moyen de sous-acétate de plomb.

On filtre.

On polarise.

On trouve par exemple 20°5.

On multiplie ce nombre par le chiffre 0,1619.

On augmente le produit obtenu d'un dixième de sa valeur.

$$0,1619 \times 20.5 = 3,32.$$

$$3,32 + 0,332 = 3,652$$

d'où

$$\frac{3,652 \times 100}{5,63} = \text{quotient de pureté Vivien.}$$

$$= 64,8$$

On analyse de la même façon la mélasse osmosée ainsi que l'eau d'exosmose, mais on ne dilue pas cette dernière.

On déduit le quotient de la mélasse non osmosée de celui de la mélasse osmosée.

On obtient ainsi le gain ou l'amélioration.

Calcul des pertes.

On se sert de la formule :

$$\text{perte } P = \frac{A - N}{A - E} \times 100$$

A = Quotient de la mélasse osmosée.

N = Quotient de la mélasse non osmosée.

E = Quotient de l'eau d'exosmose.

Supposons que le quotient de la
mélasse non osmosée. = 63.5

Supposons que le quotient de
mélasse osmosée. . = 69.9

Supposons que le quotient de
l'eau d'exosmose. . = 29.5

$$\frac{69,9 - 63,5}{69,9 - 29,5} \times 100 = \frac{6,4}{40,4} \times 100$$

$$= 15,8 \text{ p. } 100.$$

La perte en mélasse serait donc de 15,8 p. 100.

ÉVALUATION DE LA FREINTE

AU TURBINAGE

La freinte au turbinage est la quantité de sucre entraîné dans l'égout par le clairçage, qui vient en aide à la force centrifuge pour opérer une séparation plus complète du sucre et du sirop adhérent.

Supposons 100 kgs d'une masse cuite du second jet soumis au turbinage.

Sucre pour 100... = 65
Cendres pour 100 = 9

Ces 100 kgs de masse cuite fournissent 25 kgs de sucre roux polarisant et donnant :

Sucre 96
Cendres ... 1
Rendement 92

Le poids de l'égout de la turbine sera représenté par la différence du poids de la masse cuite et de celui du sucre obtenu augmenté du poids de la solution sucrée entraînée dans l'égout par le clairçage.

Soit x ce poids

Le poids de l'égout sera :

$$100 - 25 + x = 75 + x$$

En analysant cet égout on trouve.

Sucre 32

Cendres 11.10

Ces données permettent de calculer x.

La quantité de sucre dans l'égout plus la quantité de sucre pur dans le sucre roux, doit être égale au poids primitif de sucre dans la masse cuite.

$$\frac{(75 + x)\,32}{100} + \frac{25 \times 96}{100} = 65$$

d'où $\quad 75 + x = 78.85$ kgs.

et $\quad x + 3.85$ kgs.

Le poids total de l'égout est 78.85 kgs celui de la solution sucrée entraînée par le clairçage = 3.85 kgs

Connaissant le poids de l'égout, on peut calculer la quantité de cendres qu'il doit contenir et vérifier ainsi l'exactitude des opérations.

On aura $\quad \frac{78.85}{100}\,y + \frac{25 \times 1}{100} = 9$

d'où $\quad y = 11.09$

Le coefficient salin est :

$$\frac{52}{11.09} = 4.68$$

C'est-à-dire qu'il contient 4.68 de sucre sur 1 de cendres.

On filtre la masse cuite dans l'état où elle est

soumise au turbinage au moyen d'un tissu métallique assez serré pour ne pas laisser passer des grains de sucre.

On obtient le sirop qui entoure les cristaux.

On en fait l'analyse.

Sucre.........	54
Cendres.......	12.20
Coefficient salin	4.42

C'est-à-dire qu'il y a 4.42 de sucre pour 1 de cendres.

Dans l'égout il y avait 4.68 de sucre sur 1 de cendres. Donc l'excédent de sucre sur 1 de cendres dans l'égout est de

$$4.68 - 4.42 = 0.26$$

Comme il y a

$$\frac{78.85 \times 11.10}{100} = 8.75$$

de cendres en tout, l'excédent du sucre sera

$$8.75 \times 0.26 = 2.275 \text{ kgs}$$

Cet excédent représente la freinte au turbinage c'est-à-dire la quantité de sucre fondu par le clairçage.

ANALYSE DU SACCHARATE DE CHAUX

On pèse 16 gr. 20 du saccharate à analyser.

On les introduit dans une capsule assez grande.

On ajoute quelques gouttes de phénolphtaléine.

On neutralise alors au moyen d'un acide titré qui pour ce poids de saccharate indique par cc. 1 p. 100 de chaux.

On verse dans un ballon de 200 cc.

On ajoute quelques centimètres cubes de sous-acétate de plomb.

On complète le volume de 200 cc.

On filtre.

On polarise.

On multiplie le résultat saccharimétrique par 2.

Détermination du quotient de pureté.

On pèse 300 grammes de saccharate.

On les mélange avec 1 litre d'eau.

On introduit le mélange dans un appareil à carbonater.

On commence la carbonatation à froid.

On ajoute quelques gouttes d'huile pour faire tomber la mousse.

On carbonate jusqu'à neutralisation.

On fait bouillir pour chasser l'excès d'acide carbonique.

On filtre la masse pâteuse sur un grand filtre à plis.

On refroidit le liquide filtré à 17.5.

On prend le degré Balling.

On polarise le liquide.

On détermine le quotient de pureté en multipliant la teneur en sucre par 100 et en divisant par le degré Balling.

ANALYSE DES LESSIVES

SORTANT DES FILTRES-PRESSES

On prend 25 cc. de lessive.

On les verse dans une capsule en porcelaine à bec.

On y ajoute quelques gouttes de phénolphtaléine.

On neutralise exactement avec de l'acide acétique.

On verse le liquide neutralisé dans un ballon jaugé de 100-110 cc.

On ajoute 4 cc. de sous-acétate de plomb.

On complète le volume de 100 cc.

On filtre.

On polarise.

On multiplie par 4 le taux du sucre trouvé.

N.-B. — Ces analyses concernent le procédé d'extraction des sucres de la mélasse dit « Séparation Steffen. »

ANALYSE DE L'ACIDE CHLORHYDRIQUE

L'acide chlorhydrique doit contenir tout au plus 0,05 à 0,01 p. 100 d'acide sulfurique.

Dosage de l'acide sulfurique.

On dose l'acide sulfurique par précipitation à l'aide du chlorure de baryum.

On filtre.

On lave.

On dessèche.

On calcine.

On pèse.

On multiplie par le facteur 0,34326 pour avoir la teneur en SO^3.

Recherche de l'acide arsénieux.

On ajoute à l'acide à essayer une solution d'iode; s'il y a décoloration l'acide renferme de l'acide arsénieux ou de l'acide sulfureux.

On mélange alors le liquide avec une solution d'iode.

On le verse dans un tube à essais.

On ajoute quelques morceaux de zinc.

On ferme imparfaitement avec un bouchon auquel on fixe un papier à l'azotate d'argent. Le papier se colorera en noir s'il y a de l'arsenic.

ANALYSE DES CENDRES DU SUCRE

On commence par incinérer 5 grammes du sucre après y avoir ajouté quelques gouttes d'acide sulfurique.

On sait ainsi la quantité des cendres que contient le sucre ou, du moins, si on a égard aux modifications qui peuvent être produites par l'action de l'acide sulfurique, on aura un nombre très approché de la teneur réelle du sucre en cendres = P.

On incinère ensuite dans une capsule de platine ou dans une capsule en fonte émaillée 1 kilogramme du sucre.

On opère en plusieurs fois.

Il faut avoir soin de ne pas remplir, même à moitié, la capsule, car la chaleur détermine un boursoufflement considérable dans la masse. Le sucre commence par se caramélisor, puis il se boursouffle, il charbonne et un dégagement très abondant de vapeurs blanches et acres à l'odorat se produit ; aussi faut-il avoir soin d'opérer sous une cheminée d'un fort tirage.

On allume ces vapeurs qui brûlent avec une flamme peu éclairante et très ardente.

On doit veiller, pendant cette combustion, à ce qu'aucune partie de matière ne soit projetée hors de la capsule.

On continue à chauffer, quand tous les gaz ont brulé, pour bien calciner le charbon.

On ne peut pas prolonger cette calcination, car elle ne peut, pour le moment, bien se faire, attendu que les carbonates alcalins contenus en quantité dans le sucre, fondent, englobent le charbon et l'empêchent par conséquent de se calciner.

De plus, si, à ce moment, on élevait trop la température il pourrait y avoir du chlorure de sodium de volatilisé.

On laisse refroidir la masse.

On la détache ensuite.

On la met dans une capsule avec de l'eau.

On porte à l'ébullition en remuant bien toute la masse.

Il est bon, avant de la mettre en contact avec de l'eau, de concasser les fragments de charbon et même de pulvériser. On augmente ainsi les surfaces d'attaque de l'eau.

On décante l'eau sur un filtre.

On ajoute une nouvelle quantité d'eau.

On fait bouillir en remuant bien.

On décante.

On répète cette opération une troisième fois.

On jette ensuite tout le charbon sur le filtre.

On le lave longtemps à l'eau bouillante.

On dissout ainsi une grande partie des sels solubles du sucre.

La liqueur filtrée est légèrement jaune brun par suite des particules de charbon qui ont passé à travers le filtre.

On fait sécher le filtre à l'étuve.

On le calcine de nouveau quand il est sec dans la même capsule qu'auparavant.

On peut cette fois-ci atteindre une haute température.

Le charbon commence à se brûler et la masse charbonneuse se réduit de beaucoup.

On lave à l'eau chaude la capsule dans laquelle les calcinations ont été faites.

On procède alors à un lavage analogue aux premiers.

On lave le charbon sur le filtre jusqu'à ce qu'une goutte du liquide filtré ne donne plus de résidu sur la lame de platine.

La matière charbonneuse n'occupe plus alors qu'un petit volume.

On la fait sécher à l'étuve.

On la calcine dans une capsule de platine à la

flamme directe d'un bec ou dans le moufle. Une heure ou deux suffisent pour brûler tout le charbon.

Les cendres deviennent blanches grises.

On les pèse.

On les calcine de nouveau et si une seconde pesée donne le même nombre que la première, la calcination est terminée.

On a le poids de la partie insoluble des cendres $= p$. Quant à la partie soluble les lavages successifs ont pu donner 100 ou 200 cc.

On évapore ces eaux à siccité en ayant soin d'éviter les projections de matières lors de l'évaporation des dernières traces d'eau.

On peut chauffer la capsule sur une toile métallique par une flamme très douce.

On fait cette opération dans une petite capsule de porcelaine en versant le liquide en plusieurs fois.

Quand toute l'eau a disparu on a un résidu noirâtre.

Cette coloration est due au charbon.

On chauffe la capsule de plus en plus fortement de manière à brûler ce charbon ou au moins de manière à ce qu'il s'agglomère au point de ne plus passer à travers le filtre. Après une demi-heure de cette calcination on laisse refroidir la capsule.

On pèse la capsule dont on avait pris la tare.

On a ainsi à très peu de chose près le poids des sels solubles contenus dans le sucre $= p'$.

Il est préférable d'évaporer à sec le liquide bien incolore pour avoir directement le poids p des sels solubles dans l'eau.

On verse de l'eau chaude qui dissout tous les sels.

On filtre.

On lave parfaitement la capsule en faisant tomber le charbon sur le filtre.

On décante le liquide dans une éprouvette graduée.

On lave le filtre à l'eau chaude.

On fait en sorte de ne pas atteindre un volume de 100 cc.

On complète les 100 cc. quand la filtration est terminée.

On agite le liquide pour le rendre bien homogène.

Dosage de la potasse.

On opère sur 10 cc.

On évapore en partie dans une petite capsule de porcelaine.

On ajoute de l'acide chlorhydrique puis ensuite

du chlorure de platine et le mélange d'alcool et d'éther.

On déduit du poids du chlorure double de platine et de potassium recueilli sur un filtre, lavé avec de l'alcool, desséché à 110 degrés, le poids de carbonate de potasse.

$$100 \text{ de } KCl, PtCl^2 = 28,302 \text{ de } KO.CO^2.$$

Dosage de l'acide sulfurique.

On opère sur 30 cc.

On acidule la liqueur par de l'acide azotique.

On chauffe dans une capsule de porcelaine.

On précipite à chaud par le chlorure de baryum.

On laisse reposer 12 heures.

On filtre.

On sèche.

On calcine.

On pèse.

On calcule le poids de H^2SO^4 représenté par le sulfate de baryte trouvé :

$$100 \text{ de } BaO.SO^3 = 42.06 \text{ de } H^2SO^4$$

$$100 \text{ de } BaO.SO^3 = 60.94 \text{ de } NaO.SO^3.$$

On évalue l'acide sulfurique en sulfate de soude.

Dosage du chlore.

On opère sur 30 cc.

On acidule par l'acide azotique.

On verse de l'azotate d'argent.

On agite.

On laisse reposer 12 heures.

On filtre dans l'obscurité sur un double filtre.

On lave avec de l'eau chaude un peu acidulée par de l'acide nitrique.

On dessèche.

On détache du papier le précipité.

On fait fondre le précipité dans une petite capsule de porcelaine ou de platine tarée.

On brûle le papier du filtre peu à peu au-dessus de la capsule tarée.

On pèse.

On déduit le poids du chlore du poids du chlorure d'argent trouvé.

On évalue le chlore en chlorure de sodium :

$$100 \text{ AgCl} = 24.739 \text{ de Cl}$$

$$100 \text{ AgCl} = 40.76 \text{ de NaCl}.$$

Contrôle pour le carbonate de soude.

Les eaux de lavage du chlorure double de platine et de potassium contiennent le chlorure de sodium.

On évapore l'alcool et l'éther.

On ajoute de l'acide sulfurique.

On calcine.

La calcination détruit le sulfate de platine et donne du platine métallique.

On filtre.

On fait cristalliser le liquide filtré qui contient le sulfate de soude.

Des 100 cc il restera 10 cc qui serviront si l'on avait manqué l'une quelconque des opérations précédentes.

Traitement de la partie insoluble p.

On met la partie insoluble dans une capsule de porcelaine.

On verse dessus de l'acide chlorhydrique et quelques grains de chlorate de potasse afin d'oxyder tout le fer.

On laisse d'abord agir à froid en évitant de respirer les vapeurs de ClO^4.

Dosage de la silice.

On évapore très lentement à siccité en évitant les projections.

Quant tout est évaporé on chauffe un peu plus fortement pour rendre la silice insoluble.

On laisse refroidir.

On reprend par l'acide chlorhydrique en chauffant légèrement.

On ajoute de l'eau chaude.

On filtre.

La silice reste sur le filtre.

On lave à l'eau chaude.

On dessèche le filtre.

On calcine.

On pèse.

On fait de la liqueur filtrée, dans une éprouvette graduée, un volume de 100cc.

Dosage de la chaux.

On opère sur 20cc.

On les fait chauffer.

On neutralise par une solution de soude.

On dissout le précipité qui se forme au moyen de l'acide acétique.

On verse de l'oxalate d'ammoniaque.

On laisse reposer douze heures.

On filtre.

On lave.

On sèche.

On transforme l'oxalate de chaux en carbonate de chaux en calcinant à basse température et au besoin en versant quelques gouttes de carbonate d'ammoniaque.

On pèse le carbonate de chaux.

Dosage de l'alumine et du sesquioxyde de fer.

On opère sur 20cc.

On neutralise avec du carbonate de soude.

On fait bouillir avec de l'acétate de soude.

On a un précipité d'alumine et de sesquioxyde de fer.

On attend plusieurs heures qu'il soit bien déposé.

On filtre.

On lave longtemps à l'eau chaude.

On dessèche le filtre.

On calcine.

On pèse.

On a ainsi l'alumine et le sesquioxyde de fer.

Dosage de la magnésie.

On opère sur 30cc.

Les cendres de sucre renferment plus d'acide phosphorique que de magnésie.

On neutralise par l'ammoniaque.

On dissout le précipité formé par l'acide citrique.

On rend la liqueur alcaline.

On agite la liqueur assez longtemps jusqu'à ce qu'apparaisse le précipité de phosphate ammoniaco-magnésien.

On attend au moins 12 heures qu'il soit bien déposé.

On filtre.

On sèche.

On calcine.

On pèse.

On aura toute la magnésie.

$$100\ Ph^2O^5 . 2\ MgO = 36.04\ MgO.$$

Dosage de l'acide phosphorique.

On opère sur 20cc. comme dans le cas précédent seulement :

On ajoute du chlorure de magnésium.

On déduit du poids du phosphate double le poids d'acide phosphorique.

$$100\ Ph^2O^5 2\ MgO = 63.96\ Ph^2O^5$$

Représentation des résultats.

$$P = p + p'$$

$p' =$
- Carbonate de potasse.
- Carbonate de soude.
- Sulfate de soude.
- Chlorure de sodium.

$p =$
- Silice.
- Carbonate de chaux.
- Magnésie.
- Acide phosphorique.
- Oxyde de fer et alumine.

ANALYSES DES COMBUSTIBLES

HOUILLE

Dosage de l'humidité.

On pulvérise finement l'échantillon.

On en pèse 2 grammes.

On les dessèche à l'étuve à 105—110°.

La perte de poids est considérée comme représentant l'humidité.

Matières volatiles.

On pèse 2 grammes.

On les chauffe pendant 4 minutes sur un bec Bunsen.

On laisse refroidir.

On chauffe de nouveau pendant 4 minutes sur le dard du chalumeau.

On pèse.

La perte représente les matières volatiles plus l'humidité.

Le résidu donne le coke plus les cendres.

Dosage des cendres.

On pèse 2 grammes.

On les met dans un petit creuset de platine.

On chauffe au moufle jusqu'à ce que les cendres soient bien pures.

On pèse.

Dosage du soufre.

On pèse 1 gramme de combustible.

On pèse 2 grammes de chaux pure.

On mélange les deux substances dans une capsule de platine.

On verse sur le mélange un peu d'eau distillée de manière à faire une bouillie.

On fait sécher au bain de sable.

On calcine au rouge après dessiccation.

On détache la matière calcinée de la capsule.

On la verse dans un verre de Bohème.

On verse de l'eau distillée dans ce verre.

On ajoute quelques gouttes de brôme.

On laisse reposer une demi-heure.

On ajoute ensuite 15 cc. d'acide chlorhydrique.

On fait bouillir.

On filtre.

On verse dans la liqueur filtrée un excès de chlorure de baryum.

On porte au bain de sable et on fait bouillir.

On filtre.

On lave le précipité.

On le sèche.

On le calcine.

On le pèse.

$$x = p \times 0,13750 = S.$$

ANALYSE DES EAUX

AU POINT DE VUE INDUSTRIEL

Le plus souvent on a besoin d'avoir une analyse rapide d'une eau indiquant les principaux sels que renferme cette eau et qui peuvent, par leur présence, nuire au travail.

Ces sels sont :

Le bicarbonate de chaux.

Le sulfate de chaux.

Le chlorure de sodium.

Il n'est pas nécessaire de faire d'autre analyse y compris la détermination des matières organiques.

Dosage de la chaux totale.

On opère sur 500 cc.

On ajoute quelques gouttes d'ammoniaque et de l'oxalate d'ammoniaque.

On précipite à chaud.

On laisse déposer pendant quelques heures.
On décante la liqueur claire.
On ajoute de l'eau chaude au précipité.
On laisse de nouveau déposer.
On décante une seconde fois.
On jette le précipité sur le filtre.
On le lave à l'eau chaude.
On dessèche à l'étuve.
On détache la matière.
On incinère le papier à part.
On calcine modérément.
On ajoute, après refroidissement, un petit morceau de carbonate d'ammoniaque.
On chauffe jusqu'à volatilisation de ce sel.
On pèse une première fois.
On répète la même opération jusqu'à poids constant.
On pèse le carbonate de chaux.

$$x = p. \times 0,56000 = CaO.$$

Dosage du sulfate de chaux.

On opère sur 500 cc.
On précipite par l'acide sulfurique étendu.
On ajoute de l'alcool (2 fois le volume de la liqueur).

On laisse déposer quelques heures.
On filtre.
On lave avec de l'alcool étendu d'eau.
On sèche.
On calcine au rouge.
On opère CaO, SO^3.

Dosage du chlore.

On opère à froid sur 250cc.

On ajoute quelques gouttes d'acide azotique et de l'azotate d'argent en excès.

On agite fortement pour réunir le précipité.

On l'abandonne dans un endroit chaud jusqu'à ce que la liqueur soit tout à fait limpide.

On recueille le précipité sur un filtre.

On le lave avec de l'eau chaude un peu acidulée par de l'acide azotique.

On dessèche.
On calcine.
On pèse.

$$x = p. \times 0,2474 = Cl.$$

Dosage des matières organiques.

On commence par évaporer à siccité un certain volume d'eau, dans une capsule tarée.

On dessèche.

On pèse.

On calcine le résidu sec obtenu comme ci-dessus à une température voisine du rouge pendant 15 minutes.

Exemple :

Résidu sec :

Évaporé 3 litres d'eau

Poids du résidu sec 0,873

Soit 0,291 par litre.

Matières organiques et eau combinée :

Résidu sec après calcination 0,831

Soit 0,277 par litre.

donc :

Matières organiques et eau combinée :

$$0{,}291 - 0{,}277 = 0{,}014 \text{ par litre.}$$

0/0 de résidu sec normal :

$$\frac{0{,}014 \times 100}{0{,}291} = 4.81$$

ANALYSE QUALITATIVE DES EAUX

Recherche de la chaux bicarbonatée.

On porte à l'ébullition dans un tube à essai 50cc. d'eau à essayer.

Si l'eau se trouble ce sera l'indice de la présence de bicarbonate de chaux.

Recherche de la chaux.

On verse quelques gouttes d'oxalate d'ammoniaque dans 50cc. d'eau.

Précipité blanc d'oxalate de chaux soluble dans les acides minéraux.

Recherche de la magnésie.

On précipite d'abord les sels de chaux avec l'oxalate d'ammoniaque.

On filtre.

On verse ensuite dans la partie filtrée du chlorhydrate d'ammoniaque, de l'ammoniaque et du phosphate de soude.

Il se formera un précipité blanc floconneux dans le cas de la présence de la magnésie.

Recherche du protoxyde de fer.

On verse dans l'eau à essayer quelques gouttes d'acide chlorhydrique et du prussiate jaune de potasse.

Il se formera un précipité de bleu de Prusse.

Recherche de l'acide sulfurique.

On verse dans l'eau quelques gouttes d'acide azotique.

On précipite par le chlorure de baryum.

Précipité blanc dans le cas de la présence des sulfates.

Recherche de l'acide carbonique.

On verse une ou deux gouttes d'eau de chaux dans l'eau à essayer.

Il se forme un précipité qui ne persiste pas. Si le précipité persistait, on serait en présence de bicarbonates.

Recherche du chlore.

On verse dans l'eau de l'azotate d'argent.

Précipité blanc de chlorure d'argent insoluble dans l'acide azotique, soluble dans l'ammoniaque.

L'azotate d'argent précipite aussi par les carbonates, mais le précipité est soluble avec effervescence dans l'acide azotique.

Recherche des matières organiques.

On fait bouillir l'eau avec quelques gouttes de chlorure d'or.

Précipité violacé.

ANALYSE HYDROTIMÉTRIQUE DE L'EAU

I

On détermine le titre hydrotimétrique de l'eau à l'état naturel.

Soit 23°.

II

On précipite 50cc. de la même eau avec 2cc. d'une solution d'oxalate d'ammoniaque à 1/60.

On agite fortement.

On laisse reposer une demi-heure.

On filtre la liqueur qui ne contient plus de sels de calcium.

On en mesure 40cc. dans le flacon hydrotimétrique.

On en prend le degré hydrotimétrique.

Soit 11°.

III

On fait bouillir doucement pendant une demi-heure un autre volume d'eau pour expulser l'acide carbonique et précipiter le carbonate de chaux.

On laisse refroidir complètement.

On remplace exactement la quantité volatilisée.

On agite pour redissoudre le carbonate de magnésie.

On filtre.

On prend 40cc.

On détermine le degré hydrotimétrique.

Soit 15°

IV

On prend 50 cc. de cette même eau bouillie et filtrée.

On ajoute 2 cc. d'oxalate d'ammoniaque qui élimine la chaux non précipitée à l'état de carbonate par l'ébullition.

On agite.

On laisse reposer une demi-heure.

On filtre.

On prend le degré hydrotimétrique de la liqueur filtrée.

Soit 8°.

On fait subir une correction au 3e résultat pour tenir compte du carbonate de chaux qui, en raison de sa solubilité dans l'eau, n'a pas été précipité par l'ébullition.

Cette correction consiste à retrancher 3° du chiffre observé, c'est-à-dire dans l'exemple actuel, 3° de 15° ce qui donne 12°.

Interprétations.

I

25° = *Somme des actions exercées sur le savon par l'acide carbonique, le carbonate de chaux, les sels de chaux divers et les sels de magnésie contenus dans l'eau essayée.*

II

11° = *Sels de magnésie et l'acide carbonique qui restaient dans l'eau après l'élimination de la chaux.*

Donc 25 — 11 = 14° *représentent les sels de chaux.*

III

15° — 3° = 12° = *Sels de magnésie et sels de chaux autres que le carbonate.*

Donc 25 — 12 = 13° *représentent carbonate de chaux et acide carbonique.*

IV

8° = *Sels de magnésie contenus dans l'eau et qui n'ont pu être précipités ni par l'ébullition, ni par l'oxalate d'ammoniaque.*

Les sels de chaux et de magnésie étant représentés les premiers par 14.

Les seconds par 8.

Ensemble par 22.

Il est évident que sur les 25° de l'eau à l'état naturel, il reste 3° pour l'acide carbonique.

L'eau examinée contient donc :

1.	*Acide carbonique*	3°
2.	*Carbonate de chaux* . . .	10
3.	*Sulfate de chaux*	4
4.	*Sels de magnésie*	8
	Ensemble. . . .	25

1 litre de cette eau neutralise 25 décigrammes ou 2.50 grammes de savon.

Les sels de chaux = 14
Les sels de magnésie = 8
L'acide carbonique = 3

L'acide carbonique équivalant à 3°, le carbonate de chaux et l'acide carboniques réunis équivalant à 13, le carbonate de chaux équivaut à

$$13 - 3 = 10$$

Les sels de chaux en totalité équivalant à 14 et le carbonate de chaux équivalant à 10°, le sulfate de chaux ou les sels de chaux autres que le carbonate = 14 — 10 = 4°.

Dosagé.

Acide carbonique libre	= 3	= 3 × 5 =	15cc000
Carbonate de chaux	= 10	= 10 × 0,0103 =	1,103
Sulfate de chaux	= 4	= 5 × 0,0140 =	0,056
Sels de magnésie	= 8	= 8 × 0,0125 =	0,100
	25		15,259

ÉPURATION DES EAUX EMPLOYÉES

EN SUCRERIES

Il faut ajouter à l'eau froide une petite quantité de lait de chaux. La chaux ajoutée s'empare de l'acide carbonique qui constituait le carbonate neutre de chaux à l'état de bicarbonate et forme du carbonaté de chaux neutre qui est insoluble et qui se précipite.

Ce bicarbonate de chaux se trouve ramené à l'état de carbonate neutre, qui devenant ainsi insoluble se précipite également.

Ce traitement doit se faire sur l'eau froide, le dépôt qui se forme se dépose rapidement au fond du réservoir où s'opère le traitement, et l'on obtient l'eau, qui surnage le dépôt, parfaitement limpide et épurée sans filtration.

Elle ne se trouble plus par l'ébullition et se trouve ainsi débarrassée de tous les sels de chaux incrustants qu'elle contenait.

Pour opérer facilement cette opération, il suffit d'avoir deux réservoirs de 40 à 50 hectolitres et même plus grands.

On remplit ces vases d'eau sortant du puits et quand un des réservoirs est plein on y ajoute la quantité de chaux nécessaire pour décomposer tout le bicarbonate de chaux qui s'y trouve, en le ramenant à l'état de carbonate de chaux neutre et insoluble.

On doit ajouter la chaux après avoir été éteinte et délayée dans un peu d'eau. On remue bien avec un râble, pour bien mélanger le tout pendant quelques minutes, et on laisse déposer ; en peu de temps le dépôt se forme au fond du réservoir.

L'eau qui surnage devient parfaitement claire en quelques minutes et peut être immédiatement employée.

Le dépôt formé au fond du réservoir est coulé au ruisseau, quand toute l'eau claire s'est écoulée.

On reconnaîtra que la chaux a été employée en quantité suffisante, quand l'eau ainsi traitée et claire ne se troublera plus, après y avoir ajouté de l'eau de chaux claire et limpide.

On reconnaîtra qu'il y a eu trop de chaux quand l'eau épurée, mélangée à volume égal avec de l'eau non épurée telle qu'elle sort du puits, y occasionne un trouble ; si le trouble n'a pas lieu, c'est que la chaux n'a pas été employée en trop grande quantité.

La dose de chaux vive nécessaire est en général de 200 à 300 grammes par 10 hectolitres d'eau.

La filtration sur le noir animal en grains débarrasse l'eau épurée par ce procédé de toute la chaux qu'elle contient.

Le noir en grains sera revivifié dans le filtre même par un lavage à l'eau froide aiguisée d'acide chlorhydrique, dans la proportion de 2 litres par hectolitre d'eau, et ensuite par un lavage à l'eau.

On peut, à l'aide de ce moyen d'épuration aidé de la filtration sur le noir animal, obtenir des eaux parfaitement pures pouvant servir à tous les usages même à l'alimentation des générateurs.

Emploi du carbonate de soude dans l'osmose des mélasses qui contiennent en excès des sels de chaux.

On doit employer le carbonate de soude quand la mélasse contient une quantité de chaux accusant à l'hydrotimètre pour 100 grammes de mélasse 0,28 à 0,30 de chaux.

On doit également l'employer quand on pratique successivement plusieurs osmoses sur la même mélasse.

On met dans un seau d'eau bouillante la quantité de sel de soude reconnue nécessaire pour l'épuration de la mélasse que l'on met dans chaque réchauffeur.

On remue bien avec un bâton pour opérer la dissolution

On jette cette dissolution dans la mélasse avant qu'elle soit chauffée jusqu'au bouillon.

On mélange bien avec un râble.

On porte au bouillon à la manière ordinaire.

On enlève à l'écumoir les écumes formées.

On fait bouillir à plusieurs reprises pour faire monter les écumes.

On enlève celles-ci après chaque bouillon.

On filtre.

On alimente les osmogènes à mesure des besoins avec la mélasse ainsi traitée.

On élimine les boues formées, par le robinet placé au fond du réchauffeur.

On recueille cette boue ainsi que les écumes.

On les met égoutter dans des sacs.

On presse ces sacs pour en éliminer la mélasse que l'on ajoute à la mélasse ordinaire.

On jette au fumier les dépôts pressés.

Quand l'analyse accuse une proportion de 1 p. 100 la quantité de carbonate de soude à employer est de 4 p. 100 du poids de la mélasse.

RENSEIGNEMENTS

1000 kil. de betteraves ayant une richesse de 10 p. 100 et travaillées par la diffusion et l'osmose doivent rendre :

1200 litres de jus à 3°8 de densité.
70 kil. de prise en charge.
350 kil. de pulpe.
200 litres de sirop à 22 B (chaud).

70	litres	masse cuite	1er jet	donnant	60k9	sucre à	90°
30	—	—	2e	—	12.6	—	84°
17.5	—	—	3e	—	6.3	—	85°
10.5	—	—	4e	—	3.5	—	86°
6.3	—	—	5e	—	1.9	—	87°
5.5	—	mélasse.					

Total du sucre obtenu.... 85k p. 1000 kil. de betteraves.

RÉSULTATS

A CONSTATER JOURNELLEMENT EN SUCRERIE

1. Quantité de betteraves travaillées, pesées à la bascule.
2. Richesse moyenne de la betterave analysée.
3. Total du sucre contenu dans la betterave travaillée.
4. Quantité de jus constatée aux mesureurs.
5. Nombre de litres de jus tirés par 100 kil. de betteraves.
6. Densité moyenne du jus.
7. Richesse moyenne du jus à l'hectolitre.
8. Total du sucre contenu dans le jus produit.
9. Total du sucre perdu à l'extraction.
10. Pertes totales constatées d'après les analyses des cossettes et des eaux de vidange.
11. Perte p. 100 kil. de betteraves.
12. Quantité de kil. de masse cuite emplis dans la journée.
13. Richesse moyenne de la masse cuite.
14. Total du sucre contenu dans la masse cuite.

15. Différence en moins sur le sucre constaté dans le jus.
16. Différence en moins sur le sucre constaté dans la betterave.
17. Perte en sucre p. 100 kil. de betteraves.
18. Rendement de la betterave en sucre dans la masse cuite.
19. Observations sur le travail de la semaine.

SECONDE PARTIE

DISTILLERIES

DISTILLERIES

Dans la fabrication de l'alcool, le chimiste a à essayer les matières premières suivantes : 1° betteraves à sucre ; 2° mélasse ; 3° pommes de terre ; 4° grains, et 5° malt.

Les premières de ces matières, produisent l'alcool : la dernière donne le ferment ou levure.

Il est également nécessaire pour le chimiste d'essayer de temps en temps les substances alcooligènes, les produits de la décomposition, c'est-à-dire l'alcool, la diastase, etc., ainsi que la levure.

Enfin, parmi les produits, il essaye l'alcool au point de vue de sa force et de sa pureté, la levure pressée au point de vue de son action comme ferment, les vinasses au point de vue de leur valeur comme aliment pour le bétail et quelquefois de leur teneur en alcool.

MELASSES

Les mélasses, parfois, fermentent difficilement. Ceci se produit quand elles renferment des acides gras volatils tels que les acides butyrique et formique ou de l'acide azoteux. Il est nécessaire, quand ceci se présente, que le chimiste recherche les acides gras volatils dans la mélasse.

Recherche des acides gras volatils.

On mélange la mélasse étendue d'eau avec un excès d'acide sulfurique.

On distille, en faisant bouillir vivement la moitié environ du volume du liquide,

On reconnaît dans le produit de la distillation l'acide butyrique à son odeur caractéristique.

On reconnaît l'acide formique à son action réductrice sur une solution alcaline d'argent.

Dosage des acides volatils.

On neutralise le liquide distillé avec de l'eau de chaux.

On sépare la chaux en excès en faisant passer dans la liqueur chauffée un courant d'acide carbonique.

On filtre.

On évapore à siccité dans une capsule de platine.

On dessèche à 100°.

On pèse.

On chauffe ensuite au rouge jusqu'à destruction de la matière organique, puis assez vivement pour qu'il ne reste plus que de la chaux caustique.

On retranche ce résidu de celui obtenu à 100°.

On obtient ainsi la proportion des acides organiques qui se trouvaient combinés avec la chaux.

On reconnait la présence de l'acide azoteux à la coloration bleue que prend l'empois d'amidon ioduré, quand on le met en contact avec la mélasse additionnée d'une quantité d'acide suffisante pour détruire son alcalinité. *L'acide azoteux est plus nuisible que les acides gras volatils et il doit être recherché avec beaucoup de soin.*

POMMES DE TERRE

Dans les pommes de terre il est nécessaire de déterminer la teneur en *fécule*. On se sert de deux méthodes, à cet effet :

1° On transforme la fécule en dextrose que l'on dose ensuite à l'aide de la liqueur cuivrique de Fehling.

2° On détermine le poids spécifique. C'est cette méthode qui est généralement employée. Elle n'est pas cependant fort exacte, et elle fournit avec les résultats du dosage chimique des différences qui vont jusqu'à 2 p. 100.

On coupe en disques minces 1 kilogramme de pommes de terre.

On dessèche les disques dans une étuve chauffée à 60° ou 80°.

On les expose au contact de l'air pour qu'ils se saturent d'eau hygroscopique.

On pèse.

On réduit en poudre.

On pèse 3 grammes de cette poudre.

On les chauffe avec 50cc. d'eau, à 140°, pendant quatre heures, dans un flacon à pression.

On refroidit à 90°.

On filtre.

On recueille le liquide dans un ballon jaugé de 500 cc.

On lave le résidu à l'eau bouillante.

On porte le volume du liquide filtré à 200 cc.

On ajoute 20 cc. d'acide chlorhydrique pur.

On chauffe pendant trois heures au bain-marie.

On neutralise à peu près avec une lessive de soude. Le liquide doit rester acide.

On mélange avec 10 cc. d'acétate de plomb basique.

On complète le volume de 500 cc.

On filtre.

On mélange 200 cc. du liquide filtré avec de l'acide sulfurique à 1 0/0 afin de précipiter le plomb en excès.

On emploie enfin 25 cc. du dernier liquide filtré pour réduire la liqueur de Fehling.

On mélange dans un goblet de verre portant un trait de jauge correspondant à 100 cc. 50 cc. de liqueur de Fehling avec les 25 cc. du liquide sucré à essayer.

On ajoute de l'eau distillée jusqu'à la marque.

On chauffe au bain-marie pendant 20 minutes.

On filtre rapidement pour séparer le protoxyde de cuivre précipité.

On lave ce précipité à l'eau bouillante.

On porte le filtre humide dans un creuset de platine taré.

On dessèche.

On brûle et on calcine au milieu d'un courant d'hydrogène dans un creuset de Rose.

On laisse refroidir dans le courant d'hydrogène.

On pèse.

On calcule d'après la table suivante, par interpolation, la quantité de sucre qui correspond à la quantité de cuivre trouvée.

196.0 m/g de cuivre réduit	correspondent à	111.1	m/g de dextrose
194.7	—	110.0	—
188.5	—	105.0	—
182.0	—	100.0	—
175.1	—	95.0	—
167.9	—	90.0	—
160.4	—	85.0	—
152.5	—	80.0	—
144.4	—	75.0	—
135.8	—	70.0	—
127.0	—	65.0	—
117.8	—	60.0	—
108.2	—	55.0	—
98.3	—	50.0	—

100 parties de dextrose correspondent à 90 parties de fécule.

GRAINS

On procède exactement comme je viens de l'indiquer pour les pommes de terre, mais comme l'amidon des grains résiste beaucoup plus que la fécule à l'action de l'eau sous pression il est nécessaire de réduire le grain à essayer en une farine d'une finesse extrême. On peut encore favoriser l'action de l'eau en ajoutant de très petites quantités d'acide lactique (10 cc. d'acide lactique à 1 p. 100 pour 100 cc. d'eau.)

MALT

Teneur en eau.

On chauffe au bain d'huile, au milieu d'un courant d'air sec à 105-110° et pendant 24 heures, 5 grammes de malt moulu.

On pèse.

On chauffe encore pendant 2 heures.

On pèse de nouveau, et ainsi de suite jusqu'à poids constant.

Si la perte de poids est p la teneur en eau h pour 100 parties de malt sera

$$h = \frac{100 \times p}{5}$$

Substance sèche.

On la détermine par la formule suivante :

$$r = 100 - \frac{100 \times p}{5}$$

$$= \frac{100\,(5 - p)}{5}$$

Rendement en extrait.

On démêle avec 40cc. d'eau à 70°, 10 grammes de malt moulu bien exactement pesés, jusqu'à ce qu'un échantillon ne donne plus de réaction avec l'iode (0.5 gr. d'iode et 1 gr. d'iodure de potassium dans 200cc. d'eau).

On rassemble la drèche sur un filtre desséché à 100° et pesé.

On lave avec de l'eau à 70° jusqu'à ce qu'un échantillon du liquide filtré, évaporé sur un verre de montre, ne laisse plus de résidu.

Le poids de la drèche desséchée à 110° plus, celui de l'eau contenue dans le malt, retranchés du poids du malt, donnent le rendement en extrait de ce dernier.

Dosage de la maltose.

On fait à froid un mélange du moût résultant du démêlage précédent avec un excès de solution de Fehling.

On chauffe pendant 4 minutes à l'ébullition.

On rassemble le protoxyde de cuivre sur un petit filtre.

On lave à l'eau bouillante.

On dessèche.

On calcine au milieu d'un courant d'hydrogène.

On pèse.

113 parties de cuivre correspondent à 100 parties de maltose anhydre.

Dosage de la dextrine.

On observe la déviation totale du moût dans un saccharimètre.

On effectue la détermination du sucre.

On multiplie la teneur en maltose par 2.3 ce qui donne la rotation de la maltose.

On retranche celle-ci de la déviation totale.

On obtient ainsi la rotation de la dextrine.

On divise par 3.4 cette rotation ce qui donne en grammes la teneur en dextrine.

Dosage des substances protéiques.

On évapore 15 cc. de moût dans une nacelle en fer longue de 25 c. et construite de manière à pouvoir être introduite facilement dans un tube en fer ouvert aux deux bouts, long de 80 c. et ayant 18 à 20 % de diamètre intérieur.

On finit de remplir la nacelle avec de la chaux

sodée en poudre, quand le moût évaporée au bain-marie a pris une consistance d'extrait.

On ajoute à la chaux sodée 5 grammes de soude caustique en fragments.

On introduit la nacelle dans le tube dont la partie antérieure est remplie, sur une longueur de 25 c., de chaux sodée en fragments.

La nacelle est maintenue par deux tampons de fil de fer roulé en spirales et faisant ressort.

Les deux extrémités du tube restent ainsi vides sur une longueur de 12 c. environ.

On ferme hermétiquement les deux extrémités du tube avec deux bouchons de liège.

Celui qui est du côté de la nacelle est traversé par un tube de verre donnant passage à de l'hydrogène pur et sec.

On place immédiatement avant le bouchon une petite soupape de Bunsen pour éviter le reflux des gaz et de l'hydrogène.

L'autre bouchon reçoit un appareil à 3 boules de Will-Warrentrapp contenant de l'acide sulfurique titré.

On opère la combustion comme à l'ordinaire en chauffant, dans une grille d'analyse, d'abord la chaux sodée, puis peu à peu le mélange, toujours en faisant passer un courant lent d'hydrogène.

On vide l'appareil à boules, quand la combustion est achevée, dans un vase à précipité.

On lave avec soin l'intérieur des boules avec de l'eau distillée.

On ajoute les eaux de lavage à la liqueur acide.

On colore la liqueur en rouge par l'addition de 1 c. de teinture de tournesol.

On ajoute goutte à goutte avec une burette Mohr la liqueur normale de soude en remuant chaque fois de manière à mélanger les deux liquides.

Quand la liqueur est devenue bleue l'opération est terminée.

10 cc. de lessive de soude normale ou 100 divisions de la burette correspondent à 0 gr. 14 d'azote.

Supposons qu'après saturation on ait lu sur la burette 30, c'est-à-dire qu'il ait fallu ajouter 3 cc. de liqueur alcaline, l'ammoniaque correspondant à l'azote représentera 100 — 30 = 70 divisions de la burette ou 7 cc. de la liqueur normale.

$$Az = \frac{0,15 \times 70}{100} = 0,098 \text{ dans 15 cc. de moût.}$$

Donc p. 100 cc. 0 gr. 653.

On calcule la teneur en substances protéiques en multipliant le poids d'azote trouvé par 6.25.

Soit 4.08 p. 100 cc.

Teneur en acide du moût.

On détermine la teneur en acide du moût au moyen d'une solution de baryte étendue de façon que 1 cc. soit neutralisé par 1 cc. d'acide sulfurique 1/5 normal (1 cc. = 0,0098 H^2SO^4).

On neutralise 100 cc. de moût en y ajoutant avec précaution l'eau de baryte contenue dans une burette.

On suit les progrès de la neutralisation en déposant de temps en temps une goutte du moût sur du papier neutre de tournesol.

On obtient ce dernier en enduisant une feuille de papier à lettre avec de la teinture de tournesol violette préparée avec soin.

On calcule l'acidité en acide lactique.

1 cc. d'alcali normal = 0,09 gr. d'acide lactique.

Détermination du degré d'acidité du malt.

On arrose 100 gr. de malt moulu avec 400 cc. d'eau.

On laisse reposer deux heures à la température ordinaire en agitant fréquemment.

On filtre rapidement.

On neutralise avec de l'eau de baryte une quantité mesurée du liquide filtré.

Il est nécessaire de ne pas prolonger la digestion pendant un temps plus long parce que la proportion de l'acide peut augmenter rapidement.

Détermination de la cendre.

On évapore dans une grande capsule en platine 50 cc. de moût.

On échauffe peu à peu le résidu au rouge.

On pèse la capsule avec la cendre.

L'augmentation du poids de la capsule fait connaître le poids de la cendre.

Substances produisant le ferment.

Les substances azotées offrent une grande importance pour toutes les matières premières. On doit déterminer la teneur totale en azote par combustion avec la chaux sodée, comme je l'ai indiqué pour l'analyse du malt.

On transforme en protéine brute le nombre obtenu en le multipliant par le facteur 6,25.

Détermination des éléments azotés solubles.

On transforme en une bouillie épaisse, avec un peu d'eau, 50 gr. de grains finement moulus.

On étend à 50 cc.

On chauffe au bain-marie à 50° pendant quatre heures.

On refroidit.

On étend à 1 litre.

On filtre.

On évapore 50 cc. du liquide filtré dans une petite capsule en verre très mince, qu'après dessiccation de la substance on pulvérise avec celle-ci.

On brûle avec de la chaux sodée comme précédemment.

FABRICATION

Substances alcooligènes.

Quand les moûts n'ont pas encore été mis en fermentation, ils se composent des éléments qui sont entrés en dissolution par l'action de l'empâtage et du résidu non dissous, la drèche.

Drèche.

Recherche de l'amidon non désagrégé.

On pèse 1,000 grammes de moût.

On les verse dans un flacon de 10 litres environ de capacité.

On extrait toute la partie soluble en versant de l'eau dans le flacon, agitant vivement, laissant déposer et décantant le liquide absolument clair.

On lave ainsi dix fois.

On jette alors le résidu sur un filtre.

On laisse bien égoutter.

On étend le filtre humide sur une épaisse couche de papier brouillard.

On introduit, à l'aide d'une spatule, tout le résidu dans une capsule en verre tarée.

On dessèche à 100°.

On abandonne la masse pendant douze heures au contact de l'air.

On pèse.

On broie le résidu séché à l'air.

On y détermine l'amidon comme je l'ai indiqué précédemment pour les pommes de terre et les grains.

Dosage chimique de l'amidon dissous.

On porte à 1 litre 50 grammes du moût filtré clair.

On en intervertit 200 cc. avec de l'acide chlorhydrique.

On réduit comme il a été dit précédemment avec la liqueur de Fehling.

Substances alcooligènes dans le moût fermenté.

Par la fermentation le sucre se décompose en alcool et en acide carbonique. L'acide carbonique se dégage et l'alcool reste dans le moût. Le poids du moût diminue tandis que son volume reste constant.

On se rend compte des progrès de la fermentation en observant en sens opposé la diminution du poids spécifique.

On se sert pour cette observation du saccharomètre Balling.

On évapore à moitié dans une capsule en porcelaine, 500 gr. de moût filtré.

On refroidit.

On rétablit le volume à 500 cc.

On procède alors à l'essai au moyen du saccharomètre.

On appelle cette indication saccharométrique fermentation Réelle. Elle fait connaître la teneur en sucre trop élevée.

1° De la teneur du moût sucré en non sucre.

2° De la teneur en produits secondaires, comme l'acide lactique, l'acide acétique qui en même temps que l'alcool se forment aux dépens du sucre pendant la fermentation.

Dosage de l'alcool dans les liquides fermentés

On filtre rapidement, avec expression, dans un sac en tissu lâche, 100 cc. de moût.

On les verse ensuite dans un ballon de 300 cc. qui communique avec un réfrigérant.

On distille jusqu'à ce qu'on ait recueilli 50 cc. de liquide dans le ballon jaugé que l'on place au dessous du réfrigérant.

On ramène le liquide distillé au volume de 100 cc.

On y plonge un alcoomètre afin de connaître sa teneur en alcool, et un thermomètre.

On note les indications des deux instruments.

On détermine au moyen d'une table la richesse réelle du produit distillé.

Comme tout l'alcool du produit soumis à la distillation occupe maintenant un volume moitié moindre que dans le liquide lui-même, et que, par suite, la richesse trouvée est double de celle de l'échantillon essayé il faut prendre pour avoir la teneur véritable la moitié du résultat obtenu.

Détermination des acides.

Les acides lactique et acétique, dans la fabrication de l'alcool, offrent une très grande importance.

L'*acide lactique* se forme directement aux dépens du sucre sous l'influence du ferment lactique.

L'*acide acétique*, lui, se forme aux dépens de

l'alcool formé, sous l'influence d'une oxydation par l'oxygène de l'atmosphère.

La *levure* produit de l'*acide succinique*.

Détermination de l'acidité totale.

On mesure au moyen d'une pipette exactement 20 cc. du moût filtré.

On les verse dans une petite capsule de porcelaine.

On remplit une burette graduée en centimètres cubes et en dixièmes de centimètres cubes d'une solution normale de soude.

On fait tomber goutte goutte cette solution de soude dans le moût contenu dans la capsule en ayant soin de bien agiter avec une baguette de verre et de toucher de temps en temps le papier de tournesol avec la baguette.

On lit sur la burette quand le papier est bleui le nombre de centimètres cubes employés.

On indique la teneur en acide en centimètres cubes de soude normale.

Dosage séparé des acides acétique et lactique.

On mesure 100 cc. d'un moût dont on a déjà déterminé l'acidité totale.

On distille jusqu'au quart du volume primitif.

On rétablit à 100 cc. le résidu de la distillation.

On titre de nouveau comme précédemment.

La perte en acide représente la teneur en acides volatils (en acide acétique).

1 cc. de lessive normale de soude indique :

0.09 gr. d'acide lactique.

0.06 — d'acide acétique.

0.49 — d'acide sulfurique H^2SO^4.

Si on emploie, par conséquent, pour 20 cc. de moût, 1 cc. de lessive de soude, on aura par litre de ce moût, par exemple, 4 gr. 5 d'acide lactique. On désigne par degré d'acidité de l'alcool le nombre de centimètres cubes de lessive de soude neutralisés par 20 cc. de moût.

Un moût sucré ne doit avoir que 0,2 à 0,3 degrés d'acidité.

Avec de mauvaises pommes de terre et de mauvais malt, on trouve jusqu'à 0,6 degrés d'acidité. Les moûts bien fermentés ont 0,8 à 1,00 degrés d'acidité, les moûts mal fermentés jusqu'à 1,5 et 2,0.

Dans les levures artificielles l'acide lactique est produit par acidification spontanée.

Les levures acidifiées, avec 20 degrés saccharométriques au plus, renferment 2,0 à 2,5 degrés d'acide ; celles avec 20 à 28 degrés saccharométriques contiennent 3 à 4 degrés d'acide.

La teneur en acide des levures artificielles augmente généralement un peu, mais pas au-delà de 0,3 degrés, après la mise en fermentation avec de la levure pressée ou de la levure mère.

Recherche de la diastase.

Il est très important de savoir si un moût sucré ou fermenté renferme de la diastase.

On mélange 100 cc. de moût filtré clair avec 10cc. d'empois d'amidon (1 gramme amidon et 100 cc. d'eau).

On doit obtenir avec l'iode une réaction bleue intense.

On chauffe à 60°, pendant une demi-heure.

La diastase saccharifie l'empois d'amidon.

L'essai par l'iode effectué au bout de ce temps ne décèlera pas d'amidon.

Tableau au moyen duquel on peut voir si la matière première employée à la fabrication de l'alcool a été utilisée.

Voici quelle est l'équation de la fermentation :

Glucose	=	Acide carbonique	+	Alcool
$C^6H^{12}O^6$	=	$2CO^2$	+	$2\ C^2H^6O$
180	=	88	+	92
100 gr.	=	48,9 gr.	+	51,1 gr.

100 litres d'alcool à 100 p. 100
= 79,46 kil. d'alcool à 100 p. 100.

Théoriquement

100 k. d'amidon = 71,61 lit. d'al. à 100 p. 100.
100 de dextrose = 64,64 — —
100 de sucre de canne = 67,83 — —

90 k. d'amidon = 95 k. de sucre de canne
= 100 k. de dextrose.

100 lit. d'al. à 100 p. 100 = 139,7 k. d'amidon.
100 — — = 155,2 de dextrose.
100 — — = 147,2 de sucre de c.

Par k. d'amidon on obtient :

En mauvaise fabrication 40 litres p. 100 d'alcool.
En moyenne — 50 — —
En bonne — 58 — —
En très bonne — 60 — —

C'est sur l'amidon non désagrégé, sur le sucre non fermenté, et sur l'impureté de fabrication que se répartissent les pertes.

Quotient d'impureté.

Le quotient d'impureté est le nombre qui indique combien de parties sur 100 de sucre disparu pendant la fermentation, n'ont pas été décomposées par la fermentation.

On retranche le sucre dosé dans le moût fermenté du sucre déterminé dans le moût sucré.

On obtient ainsi la quantité de sucre fermenté.

On compare ensuite le rendement théorique calculé avec le sucre fermenté avec la quantité réellement obtenue.

On établit alors de la manière suivante le bilan de l'utilisation de l'amidon.

Sur 100 parties d'amidon employées :

	En mauvaise fabrication.	En bonne fabrication.
1° Il reste non désagrégées.....	7.5	2.0
2° Il reste non fermentées......	12.0	7.1
3° Il se perd par l'impureté de la fermentation.............	20.7	11.8
Somme des pertes ..	40.2	20.9
4° Sont transformées en alcool .	59.8	79.1
	100.0	100.0

Essai des substances formant la levure.

La désignation des substances azotées de la matière première est aussi importante que celle de l'amidon pour la fermentation et surtout pour la fabrication de la levure pressée.

Dosage de l'azote dans les drèches.

On sèche le résidu à l'air débarrassé pour le dosage de l'amidon.

On le brûle avec la chaux sodée comme il a été dit précédemment.

Dosage de l'azote dissous dans le moût.

On évapore 25 cc. du moût filtré clair additionné de quelques gouttes d'acide chlorhydrique dans une petite capsule de verre très mince.

On dessèche à l'étuve.

On broie le tout.

On brûle avec de la chaux sodée.

La fermentation rend insoluble l'azote que la levure absorbe en se développant.

On compare la teneur en azote du moût sucré filtré avec la teneur en azote du moût fermenté filtré.

On trouve ainsi la quantité d'azote qui a servi à la formation de la levure.

100 k. de levure pressée contiennent 2 k. d'azote correspondant à 12,5 k. de substances azotées.

1 k. d'azote correspond à 50 k. de levure pressée.

On peut avec ces indications calculer facilement la levure formée pendant la fermentation.

Bilan de l'azote d'un moût de levure pressée.

Sur 100 parties d'azote mises en œuvre :

46.2 n'ont pas été désagrégées.

18.6 sont devenues levure.

35.2 se sont dissoutes, mais n'ont pas été utilisées pour la fermentation de la levure.

100.0

Épreuve de la levure pressée.

On commence par broyer et bien mélanger :

400 gr. de sucre de canne raffinée.

25 gr. de phosphate acide d'ammoniaque.

25 gr. de phosphate de potasse.

On prend un petit ballon léger d'environ 80 cc. de capacité.

On le ferme avec un bouchon de caoutchouc percé de deux ouvertures.

On introduit par une de ces ouvertures un tube de verre courbé à angle droit dont le bout le plus long arrive jusque près du fond du matras, et dont le plus court est, pendant la fermentation, fermé par un petit bouchon.

On introduit dans la seconde ouverture un petit tube à chlorure de calcium.

On pèse dans le ballon 4 gr. 500 du mélange sucré plus haut.

On les dissout dans 50 cc. d'eau à boire.

On porte dans cette solution exactement 1 gr. de la levure à éprouver.

On l'y délaie en agitant et en remuant avec une baguette de verre jusqu'à ce qu'on n'aperçoive plus de grumeaux.

On pèse alors le ballon avec son contenu.

On le place dans un bain d'eau de 30°.

On le maintient 6 heures à cette température.

On refroidit rapidement le ballon, au bout de ce temps, on le plongeant dans l'eau froide.

On enlève le bouchon du tube de verre coudé.

On aspire pendant quelques minutes de l'air au travers pour expulser l'acide carbonique.

On repèse le ballon avec son contenu.

La perte du poids indique l'acide carbonique formé par la fermentation.

La force fermentative de la levure peut se calculer en pour cent d'après l'équation suivante :

$$CO^2 \text{ trouvé} \times \frac{100}{1.75} = \text{p. 100 d'énergie.}$$

Exemple :

POIDS DU BALLON	1er éch.on.	2e éch.on.	3e éch.on.	4e éch.on.
	Gr.	Gr.	Gr.	Gr.
Avant la fermentation.	131.497	132.138	136.000	136.602
Après la fermentation.	133.040	130.682	131.541	135.149
CO^2 dégagé =	1.457	1.456	1.459	1.453

Énergie fermentative.

N° 1 $\quad 1.457 \times \frac{100}{1.85} = 83.2$ p. 100

N° 2 $\quad 1.456 \times \frac{100}{1.75} = 83.2$ p. 100

N° 3 $\quad 1.459 \times \frac{100}{1.75} = 83.4$ p. 100

N° 4 $\quad 1.453 \times \frac{100}{1.75} = 83.0$

PRODUIT

Alcool.

L'essai que l'on effectue sur le produit consiste à déterminer sa richesse en alcool absolu et sa pureté.

On se sert pour déterminer la richesse de l'alcool de l'alcoomètre centésimal de Gay-Lussac : il donne directement la richesse en alcool d'un liquide essayé à la température de 15°. C'est à cette température que l'instrument est gradué.

Le zéro de son échelle correspond à l'eau pure et le degré 100 à l'alcool absolu.

Si dans un liquide alcoolique l'alcoomètre s'enfonce jusqu'à 76 degrés, par exemple, ce liquide renfermera pour 100 volumes, 76 volumes d'alcool absolu et 24 volumes d'eau. On dira dans ce cas qu'il marque 76 degrés alcoométriques.

Les indications de l'alcoomètre ne sont exactes qu'à la condition d'opérer à la température de 15°. Au-dessus de 15° la densité du liquide diminue : au-dessous elle augmente. Il faut donc ramener la température du liquide à 15°. A cet effet on y plonge un thermomètre et on effectue la correction au moyen de la formule suivante :

$$x = c \pm 0,1 \times t.$$

c = le degré lu sur l'alcoomètre.

t = la température du liquide.

Pour avoir la richesse alcoolique réelle x, il faudra ajouter aux degrés lus sur l'alcoomètre ou en retrancher le produit de la température par 0,1 suivant que celle-ci est au-dessous ou au-dessus de 15°.

ESSAI DES SALINS

Les salins sont composés de :

1° Eau et matières organiques non brûlées.

2° Matières insolubles dans l'eau.

3° Sulfate de potasse.

4° Chlorure de potassium.

5° Carbonate de soude.

Ces substances s'y rencontrent toujours : à côté d'elles, il y a, en proportions plus faibles, des sels d'une moindre importance qui sont les suivants :

Des sulfures, des sulfites et hyposulfites.

Des phosphates.

Des silicates.

Des aluminates.

Parfois des cyanures.

Quand le salin a été bien travaillé et bien cuit, il se présente sous l'aspect de morceaux poreux et boursouflés, d'un gris rougeâtre.

Il est soluble dans l'eau chaude.

Ses lessives sont très limpides, et ceci est d'une grande importance en savonnerie.

Quand, au contraire, le salin est mal cuit, les morceaux sont d'un gris noir.

Il est toujours très soluble dans l'eau, mais ses lessives sont colorées et communiquent au savon une odeur repoussante et une coloration très foncée.

Plus un salin est riche en carbonate, bien travaillé, bien cuit, plus il est léger.

La richesse des salins de betteraves varie selon la qualité de la betterave dont ils proviennent.

La manière de travailler la mélasse soumise à la distillation fait également varier la composition des salins de mélasses. L'acide, en effet, ajouté à la mélasse étendue sur le travail préliminaire de la fermentation, décompose une partie de carbonate.

Plus on emploie d'acide, plus on affaiblit, par conséquent, le titre des salins.

La valeur commerciale de ces salins dépend de la proportion des sels potassiques qui s'y trouvent et principalement de la quantité d'alcali qu'ils renferment à l'état libre ou de carbonate.

Indépendamment du carbonate de potasse, les salins de mélasse renferment toujours du carbonate de soude qui a une valeur toute différente de celle du carbonate de potasse. Il est donc nécessaire de faire une analyse complète, l'essai alcalimétrique ne pouvant pas seul suffire.

Dans l'industrie, on fait l'essai commercial suivant, en établissant une distinction entre les salins provenant de la distillation des mélasses et ceux issus de la distillation directe des jus de betteraves.

Les premiers ne renferment que des traces de phosphates.

Les seconds contiennent des phosphates alcalins qui font varier la marche à suivre dans l'essai.

1° SALINS DE MÉLASSE.

L'essai commercial comprend :

1° le dosage de l'eau.
2° — des matières insolubles dans l'eau.
3° — de l'acide sulfurique.
4° — du chlore.
5° — de la potasse et de la soude.
6° Un essai alcalimétrique.

On porphyrise le salin.

On le passe au tamis fin.

On le mélange intimement.

1° Dosage de l'eau.

On pèse dans une capsule de platine tarée 5 grammes de salin.

On dessèche à 100-110°.

On pèse.

La perte de poids représente l'eau.

Soit 3 gr. 54 p. 100 d'eau.

2° Matières insolubles dans l'eau.

On pèse 12 gr. 50 de salin.

On les place dans une capsule de porcelaine.

On les traite par une petite quantité d'eau.

On chauffe à l'ébullition pendant un quart d'heure.

On laisse déposer.

On décante sur un filtre desséché et pesé, le liquide clair.

On reçoit le liquide filtré dans un flacon de 500 cc.

On recommence plusieurs fois cette opération en ajoutant de l'eau sur le résidu de la capsule et et en filtrant jusqu'à ce que ce liquide limpide ne soit plus alcalin.

On lave le filtre à l'eau bouillante surtout sur les bords du papier.

On porte ensuite sur le filtre le résidu insoluble.

On dessèche à 100°.

On pèse.

L'augmentation du papier représente les matières insolubles. Par différence on á le poids des sels solubles.

Soit 19 gr. 25 de matières insolubles dans l'eau.

On laisse refroidir le liquide qui a filtré.

On porte le volume à 500 avec de l'eau distillée.

On mélange par retournement.

On emploie la liqueur aux opérations ultérieures, c'est-à-dire à la recherche des sels solubles.

3° Dosage de l'acide sulfurique.

On prélève avec une pipette 80 cc. du liquide clair qui représentent 2 gr. de l'échantillon primitif.

On sature par quelques gouttes d'acide chlorhydrique.

On étend d'eau.

On chauffe.

On précipite l'acide sulfurique à l'état de sulfate de baryte au moyen du chlorure de baryum.

On laisse reposer.

On filtre.

On lave.

On sèche.

On calcine.

On pèse.

On multiplie le poids trouvé par le facteur 0,34326 pour convertir en acide sulfurique.

On détermine les quantités de sulfate de potassium correspondantes à l'acide sulfurique sachant que 1 gr., d'acide sulfurique représente 2 gr. 18 de sulfate de potasse, soit 15 gr. 60 p. 100 de sulfate de potasse.

4° Dosage du chlore.

On prélève avec une pipette 40 cc. du liquide représentant 1 gr. de l'échantillon primitif.

On acidule par quelques gouttes d'acide azotique.

On dose le chlore par la liqueur d'azotate d'argent.

On détermine de la quantité de chlore trouvée la quantité de chlorure de potassium correspondant, sachant que 1 gr. de chlore représente 2 gr. 10 de chlorure de potassium.

Soit 21 gr. 10 p. 100 de chlorure de potassium.

5° Dosage direct de la potasse et de la soude.

On évapore à sec 20 cc. du liquide représentant 0 gr. 5 de l'échantillon primitif, dans un creuset de platine après mélange intime avec du chlorhydrate d'ammoniaque pur.

On chauffe au rouge.

On renouvelle l'opération jusqu'à ce que deux pesées successives du creuset donnent le même poids.

Connaissant la tare du creuset sec, on en déduit le poids du contenu qui est formé par le mélange des deux chlorures KCl et NaCl.

On dissout ce mélange dans une petite quantité d'eau distillée.

On ajoute du bichlorure de platine en léger excès.

On évapore à siccité au bain-marie.

On laisse refroidir.

On reprend par l'alcool à 80° étendu du 1/5 de son volume d'éther.

On abandonne la capsule jusqu'au lendemain sous une cloche de verre.

On décante la liqueur limpide qui doit être d'un jaune très prononcé sur un filtre desséché et taré d'avance.

On lave à plusieurs reprises par l'alcool.

On reçoit le précipité sur le filtre.

On dessèche à 100°.

On pèse.

Le poids représente le chlorure double de platine et de potassium KCl, $PtCl^2$.

1 gr. de chlorure double de platine et de potas-

sium représente 0 g. 3031 de chlorure de potassium.

On obtient le poids de chlorure de sodium par différence en retranchant du poids total des chlorures précédemment obtenu, celui de chlorure de potassium.

Connaissant les poids respectifs de chlorure de potassium et de chlorure de sodium, on calcule le poids des alcalis, sachant que 1 gr., de chlorure de potassium représente 0 gr. 1917 de potasse, 1 gr. de chlorure de sodium, représente 0 gr. 5302 de soude.

On déduit de la quantité totale de potasse, trouvée par le bichlorure de platine, celle combinée à l'acide sulfurique et au chlore.

1 gr. d'acide sulfurique correspond à 1 gr. 18 de potasse.

1 gr. de chlore correspond à 1 gr. 33 de potasse.

On obtient ainsi la quantité de potasse qui est à l'état de carbonate dans le salin.

1 gr. de potasse représente 1 gr. 46 de carbonate de potasse. Soit 22 gr. 00 0/0 de carbonate de potasse.

Comme on a aussi déduit le poids de soude du poids de chlorure de sodium trouvé par différence, on cherche celui du carbonate de soude correspondant, sachant que :

1 gr. de soude correspond à 1 gr. 71 de carbonate de soude.

Soit 16 gr. 98 p. 100 de carbonate de soude.

6° Essai alcalimétrique.

On verse 200 cc. du liquide représentant 5 gr. de l'échantillon primitif dans un ballon de 500 cc. de capacité.

On fait un essai alcalimétrique avec la liqueur sulfurique normale, qui renferme 49 gr. d'acide sulfurique monohydraté H^2SO^4 par litre.

On sait que 49 gr., d' H^2SO^4 saturent 47 gr. de potasse KO ou 31 gr. de soude NaO.

On colore le liquide avec quelques gouttes de teinture de tournesol.

On le porte à l'ébullition en faisant tourner le ballon de temps en temps pour bien mélanger les liquides quand on versera la liqueur sulfurique.

On verse goutte à goutte l'acide contenu dans une burette divisée en centimètres cubes jusqu'à ce que la couleur pelure d'oignon apparaisse.

On note alors les divisions de la burette.

Le nombre lu indique le titre alcalimétrique pour les 200 cc. de liquide ou les 5 gr. de salin.

On ramène par le calcul ce titre à 100 gr. de salin.

On retranche de la quantité de liqueur sulfurique nécessaire pour neutraliser les carbonates de potasse et de soude la quantité nécessaire pour neutraliser le carbonate de potasse dont le poids est déjà connu.

La différence est la quantité qui a servi à neutraliser la soude dont on peut alors calculer le poids en carbonate.

Prenons un exemple :

Il a fallu employer 32 cc. de la liqueur sulfurique normale pour neutraliser les 200 cc. de liquide ou les 5 gr. de salin, qu'on sait déjà contenir 22 gr. p. 100 de carbonate de potasse.

Puisque 100 gr. de salin renferment 22 gr. de carbonate de potasse, ces 5 grammes en renfermeront :

$$\frac{22 \times 5}{100} = 1 \text{ gr. } 10 \text{ de carbonate de potasse.}$$

On sait que

1 gr. 46 de carbonate de potasse correspond à 1 gr. de potasse.

Donc nous aurons pour la quantité de potasse correspondant à 1,10 de carbonate

$$\frac{1 \times 1,10}{1,46} = 0 \text{ gr. } 753 \text{ de potasse.}$$

D'autre part, nous savons déjà que 47 gr. de potasse sont neutralisés par 1.000 cc. d'une liqueur sulfurique contenant 49 gr. d'acide sulfurique monohydraté par litre.

Cherchons la quantité de centimètres cubes neutralisés par 0 gr. 753 de potasse; cette quantité de potasse est donnée par la proportion

$$\frac{1.000 \times 0,753}{47} = 16 \text{ cc.}$$

Donc 16 cc. est le nombre de centimètres cubes qui ont été neutralisés par 0 gr. 753 de potasse.

La différence

$$42 - 16 = 16$$

représentera le nombre de centimètres cubes neutralisés par la soude du carbonate de soude.

Or, comme 1.000 cc. d'une liqueur sulfurique normale renfermant 49 gr. d'acide sulfurique monohydraté par litre, neutralisent 31 gr. de soude, la quantité de soude neutralisée par ces 16 cc. sera donnée par la proportion

$$\frac{31 \times 16}{1.000} = 0 \text{ gr. } 496 \text{ de soude.}$$

On sait que

1 gr. de soude correspond à 1,71 de carbonate de soude.

Donc 0 gr. 496 de soude correspondront à

$1,71 \times 0,496 = 0$ gr. 848 de carbonate de soude.

Pour 100 gr. de salin on aura

$$\frac{0.848 \times 100}{5} = 16 \text{ gr. } 96 \text{ de carbonate de soude.}$$

Résultats généraux.

	gr.	
Eau.	3	54
Matières insolubles dans l'eau.	19	25
Sulfate de potasse.	15	60
Chlorure de potassium. . .	21	10
Carbonate de potasse. . . .	22	00
Carbonate de soude. . . .	16	96
Perte et matières non dosées.	1	55
	100	00

2° SALINS DE BETTERAVES

On suit la marche précédente pour faire l'analyse des salins de betteraves.

On ajoute à ces divers dosages celui de l'acide phosphorique.

Dosage de l'acide phosphorique.

On prend 100 cc. du liquide clair représentant 2 gr. 500 de l'échantillon primitif.

On ajoute quelques gouttes d'ammoniaque, puis du chlorhydrate d'ammoniaque et du sulfate de magnésie en cherchant à saisir le moment où une goutte de ce réactif ne produit plus de précipité.

On laisse reposer jusqu'au lendemain.

On filtre.

On lave avec de l'eau ammoniacale (1:3).

On dessèche.

On calcine.

On pèse.

On multiplie le poids trouvé par 0,0390 pour avoir l'acide phosphorique dans 2 gr. 500, d'où pour 100 en multipliant par 40.

Le poids de l'acide phosphorique connu sera calculé en phosphate de soude (2 NaO PhO³) en sachant que

1 gr. d'acide phosphorique représente 1 gr. 80 de phosphate de soude.

Composition d'un salin brut de betteraves.

Eau, acide phosphorique, chaux, silice	27 gr.	»
Sulfate de potasse....................	5	»
Chlorure de potassium...............	17	»
Carbonate de potasse................	35	»
Carbonate de soude..................	16	»
Total..........................	100 gr.	»

FIN.

TABLE DES MATIÈRES

SUCRERIES

DISTILLERIES

Compiègne. — Imprimerie Henry Lefebvre, rue Solferino, 31.

www.ingramcontent.com/pod-product-compliance
Lightning Source LLC
Chambersburg PA
CBHW060547210326
41519CB00014B/3377

* 9 7 8 2 0 1 1 3 2 6 2 5 6 *